これから現場代理人を目指す人へのメッセージ

建設業
現場代理人に必要な21のスキル

鈴木 正司 著

【編集協力】東京土木施工管理技士会
【発行】一般財団法人 経済調査会

はじめに

　2007年に社会的問題となった「団塊の世代」の卒業や，公共投資の先細りから建設業界の大きな地殻変動のうねりなどによって，一気に多くの先達たちが去ってしまったことは大変残念なことです。さらには，建設現場で語り継がれるべき基本的なスキルが伝承されないままに，世代交代が進行してしまったことにも寂しさとともに空しさを感じます。

　本書は，主にこれから現場代理人になろうとしている人や，初めて現場代理人として現場運営を行っている人に贈るものであります。今後の建設業界をより将来性のある魅力的な産業に発展させていくためには，優秀な現場代理人を数多く育てていくことが課題となっております。

　本書の内容は，折れないパワフルな成長を目指すメンタルな要素としての現場代理人に必要なスキル，品質や安全の確保・創意工夫・交渉術等の具体的な手法による上手に現場を運営するために必要なスキル，事象を観察・分析し現状を把握して現場の利益を上げるために必要なスキル，という三つの分野に分けた内容となっています。また，おのおのの分野に必要となるスキルを身につけていただくために具体的な事例を示してありますので，どの分野から読んでいただいても理解ができるようになっております。

　さらにそれぞれを，7つの項目に分けてあり，合わせて21の内容となっています。これら21のスキルを身につけることで，自身の現場力をアップしていただくことが最終目的です。既に獲得しているスキルもあると思いますが，自分自身のレベルを本書の内容に照らし合わせて，「足りない部分」，「今まで気づかなかった部分」，「これは面白いと思った部分」については参考として実践していただければ幸いです。気になったスキルには付箋を付けて，定期的に確認していただければ，さらなるスキルの向上が図れるのではないかと考えております。

　とり上げたスキルは決して難しいものではなく，言われればなるほどと思うような先達の教えを整理し，東京土木施工管理技士会が平成16年より毎年開催している技術者育成のための「現場管理スキルアップ講習」をベースとして，総合的に分かりやすくまとめたものです。

　ぜひじっくりとお目通しいただき，皆様方がよりよき現場代理人として建設現場にてご活躍いただくことを切に願う次第です。

　　　　　　　　　　　　　　　　　　　　2013年7月　　鈴木　正司

目　　次

まえがき ……………………………………………………………… 1

Ⅰ. 現場代理人に必要な7のスキル ……………… 13

① 現場を自分の思い通りに管理するスキル ………15
- 現場に行動指針を掲げる ……………………………………15
- 現場運営の4つのコツ「コロッケ力（りょく）」………………18
- ＱＣＤＳの目標は一つずつがよい ……………………………21

② 現場の問題点を予測するスキル ………………24
- 情報を共有して問題点を予測する「問題解決会議」………25
- 問題解決会議の例 ……………………………………………27

③ 問題解決の順序を決めるスキル ………………29
- 問題は「難しいもの」より「易しいもの」から解決する ………30
- 発生したトラブルは現場代理人が自ら進んで解決をする ………31

④ 現場にトラブルが発生した時のメンタルスキル …33
- トラブルはチャンスである ……………………………………34
- トラブルは上司を巻き込んで会社の組織力を利用する ………36
- トラブルによって自分が動揺すると部下に伝播する …………37
- トラブルは自分を成長させてくれる …………………………39
- 現場代理人という役からただの人に戻る切り替えスイッチのすすめ ……40

❺ 現場でリーダーシップをとるスキル …………43

- 部下は現場代理人を値踏みする …………………………44
- 「初心に帰る」とはリーダーとして必要なこと …………45
- 無駄話は無駄ではない ……………………………………46
- 「できません」は意見を引き出すチャンス………………46
- 若い部下には早めに休日のローテーションを決める …………49

❻ 一歩上を目指すために相手を引き込む会話スキル …49

- 熱く自分を語れる自分史と2つのスピーチをつくる ……………51
- 面白く語れる話題を持つ …………………………………52
- 会話の手順を知れば初めて会った人でも話しができる …………53
- 愛読書が話のネタになる …………………………………54
- 努力をしなければ，会話スキルは向上しない …………………55

❼ 発注者の信頼を獲得するためのスキル …………56

- 打ち合わせでは必ずメモを取る …………………………57
- 期限のある約束は，必ずその期限を守る ………………………57
- 発注者の担当者が自分を理解してくれたと思うまで「5分詣で」をする …58
- 初めての立会検査は徹底的に準備を行って万全を期す …………59
- 立会検査は部下だけに任せないで先頭に立って受検する ………60
- 提出する書類は，全てを理解した上で自ら正確に説明をする …61

Ⅱ. 上手に現場を運営する7のスキル ……………63

❽ 品質を向上させるスキル ……………………………63

- 妥協せずに決められたことを実行する……………………………69

- 出来栄えは全てに優先する ……………………………………70
- 経験知をスキルに変換する ……………………………………71

⑨ 創意工夫を提案するスキル ……………………………73

- 近隣住民の環境対策はネットの追加だけで好印象 ……………75
- 第三者の安全を考慮 ……………………………………………76
- 安全の向上はポイントになる …………………………………77
- ちょっとした気配りが受ける …………………………………78
- お金をかけた提案はダメ ………………………………………79
- ムダを省く ………………………………………………………80
- 防塵対策は確実な方法を提案する ……………………………81
- 地域への貢献がよい ……………………………………………81
- 創意工夫のアイデアはまねるのがよい ………………………82

⑩ 工事評定点を上げるスキル ……………………………83

- 創意工夫と地域への貢献はやれば点が取れる ………………83
- 出来形・品質・出来栄えのポイントはこれだ ………………84
- 事故を起こすと受注ができない ………………………………86
- 工事評定点をアップするためには日々の姿勢が大切である ……87
- 各工種の工事評定点の評価項目を知る ………………………88

⑪ 事故を予防するスキル ……………………………………90

- 現場代理人の朝礼のあいさつが現場を引き締める ……………93
- 「ごくろうさま」と一人一人に声をかけながら巡回する ………93
- 危険な作業の時は，現場代理人自ら作業を見守る ……………94
- 不安全な設備はすぐに是正する ………………………………94
- 事故を防ぐには凡事徹底を実践する …………………………96

- 新規入場者への教育は念入りに …………………………97
- ガードマンには警備に集中させる …………………………98

⑫ 一歩上を行く自分を磨くスキル …………………99

- 資格試験は1週間三日坊主がいい …………………………102
- 尊敬する上司をまねする …………………………………103
- 心理学のセオリーを使え …………………………………106
- しつこく考える癖をつける ………………………………109
- 現場代理人は笑顔で優しくが極意 ………………………110
- 不安をすぐに吐き出すテクニック ………………………111
- 利益を稼ぎ出すために変化を楽しむ ……………………113

⑬ 交渉するスキル …………………………………114

- 交渉は相手を打ち負かすことではない …………………116
- 最後まで諦めるな…………………………………………118
- 20％ルールに対抗するには ………………………………121

⑭ 円滑な作業環境をつくるスキル ………………123

- 部下への気配りが重要……………………………………125
- 情報は部下全員に伝達し情報のムラをつくらない……127
- 協力業者との段取りの変更は部下を同席させて行う…128
- 現場代理人は部下を怒らない……………………………129
- 松下幸之助は，掃除が大切と説いている ………………130
- 部下の前で弱音をはかない………………………………132

Ⅲ．現場を把握して利益を確保するための7のスキル … 133

⑮ 現場のバイオリズムを知るスキル … 136
- 現場がスムーズな時ほど事故が発生する危険が潜んでいる …… 137
- バイオリズムが上昇している時にこそ現場代理人の観察力が必要になる … 138
- 初心に帰り問題点の予測を再検討する …………………… 139
- 現場事務所内のコミュニケーションに違和感を覚えたら …… 139

⑯ 月ごとに原価管理するスキル … 140
- 歩掛りをとる …………………………………………… 142
- 出来高金額と常用金額を把握すると見えてくる…………… 143
- 今後の支出を把握すると利益が分かる ………………… 144

⑰ コストダウンをするスキル …147
- 実行予算と発注する金額の差が現場に残る利益 ………… 148
- 利益を上げる95％ルール…………………………………… 150
- 作業手順を変えると利益が出る …………………………… 154
- 仮設に金をかけるなら最初から金をかけろ ……………… 155
- アイデアは常に考えているから出てくる ………………… 156
- 頭はいくら使っても疲れない ……………………………… 158

⑱ 設計変更するスキル …160
- 提案をする内容はＡ３判の一覧表１枚にまとめる………… 162
- 設計変更は工事開始前に考える …………………………… 163
- トラブルは金になる ………………………………………… 165

⑲ 異常値や変化を見るスキル ……………………………166

- 目を養うと異常が分かる ……………………………………169
- 原因を追究しているとスキルがアップする………………175
- 1台目の生コンクリートに気を付けろ ……………………176
- スランプ値は全台数管理する ………………………………179
- バイブレーターの周りはモルタル分しかない ……………181
- 臨機応変なコンクリートの打設高さにする ………………182
- 天気の達人に教えを乞う ……………………………………183
- 事故にどう対応するかで評価が違う ………………………185
- 作業手順と異なった時に事故は発生する …………………186
- ヒューマンエラーは現場代理人の声がけで防止する ……187
- 自分なりの安全監視項目を持とう …………………………188

⑳ 発注者と良好なコミュニケーションを構築するスキル …189

- 発注者より高い技術力が必要となる ………………………191
- 1級施工管理技士だけでなく他の資格を取得している…191
- 記憶に頼る仕事は失敗する …………………………………191
- 工事に対する情熱とやる気を担当者に常々伝える………192
- 発注者側の事情を理解した発言をする ……………………193

㉑ 自己啓発を継続するスキル ……………………………193

- 戒めの言葉を持とう…………………………………………195
- 自己啓発は資格の勉強だけではない ………………………197
- 身近なところから情報を収集しよう ………………………198

あとがき ……………………………………………………200

まえがき

　「彼は，仕事ができるね」，「彼は，理解が早いね」，「彼に任せておけば大丈夫だね」と上司に評価されている人がいます。将来を嘱望され，優秀なエリートに見えるその人は，入社以来脇目も振らずに一生懸命に仕事に打ち込んで頑張っているので，会社の評価を総なめにしています。彼には仕事が集中しますが，それを難なくこなしてしまいます。

　そんな彼ですから，現場代理人になるチャンスが早く訪れます。彼も「よしやるぞ！」と前向きな気持ちと自信を胸に秘めて，会社のために貢献しようと意気込みを周囲に語ります。彼の上司はその言葉を聞いて，大いに満足して「彼に任せておけば，大丈夫だ」と疑いを持たずに，信頼して送り出してやりました。

　しかし，半年ぐらい経つと，自信があったはずの彼は，消極的な意見を口にするようになっていました。迷いが多くなり，自信のない発言が飛び

出し，ノイローゼみたいな様相を見せ始めてきました。彼は，「休みたいけれど現場代理人だから休めない，どうしよう？」，「自分はこの仕事に向いていないのかな？」と奥さんに愚痴を漏らすようになっていました。彼の奥さんは，「そんなに苦しいなら会社を変わったら？」と彼を慰めるようになっていました。現場の部下にも，「どうして現場がうまく動かないのかな」，「あの発注者に言われると言葉を返せないよ」，「役所に行くのが怖いな」，「上司に相談しても，助けてもらえないしな」，「仕事がきついな」，「忙しくて参ったな」，「真剣にやっても報われないな」，「故郷に帰って仕事をしようかな」と言い出し，しまいには遅刻をするようになります。

　部下も心配になり会社の上司に相談します。しかし，彼の上司は本人からそんな報告を一言も聞いていません。彼の上司は，他の現場のトラブルの対応や社内への報告，来期の実施計画の立案などで彼の現場を見て管理する時間がありませんでしたし，彼は優秀でできる現場代理人だから必ずうまくやってくれているだろうと思っていました。ここに，このようなケースの落とし穴があるのです。

まえがき

　彼の上司は，寝耳に水で「そんなことはあるまい」と，現場に行き彼に話を聞きに行くと，自然と彼の口から出る弱気な言葉にあぜんとしてしまいます。ここで「参ったな」と思っても，既に本人は「この仕事に向いていない」と早くここから逃げ出したい気持ちでいっぱいで，会社を辞める覚悟をしていました。ここまで来ると，彼を引きとめる手立てはほとんどありません。さらに，彼の奥さんも彼への愛情と，本人を楽にさせてあげたいという一心から故郷の親を頼ります。奥さんの親が故郷でちょっとした名士だったりしたら，故郷でたやすく働き口を見つけてくれて，いつでも帰ってきなさいという段取りができあがっています。彼は，逃げ出したいという気持ちが心を覆ってしまって，他に選択肢を見出すことができなくなっています。
　いかがでしょうか，こんなケース・・・？　上司から見て，優秀で，できる部下が短期間に変化してしまったような経験はありませんか？
　将来を嘱望された社員を辞めさせることになってしまったわけです。
　こうなってしまう原因は，彼と彼の上司の両方に原因があります。その原因のいくつかを挙げてみましょう。
　まず，彼の原因は，入社早々から期待されて仕事も集まり，これといった失敗もなく業務を遂行してきたことが一つです。ほとんど上司に怒られることもなく，挫折を経験せずに過ごしてきた彼は，たくさんの仕事を頼まれ自分でも仕事ができる人間だと勘違いしていました。また，時間がないので自己啓発の本を読むことを遠ざけ，自身を向上させる勉強をせずに過ごしてきてしまいました。上司から優秀だといわれることが多いため，自分自身でも「できる社員だ」と自然に考えるようになってしまうのは想像がつきます。
　車を運転する資格に運転免許があるように，現場を動かす時には1級施工管理技士という資格があります。彼の勘違いは，1級施工管理技士の資格を順調に取得したことで，この仕事なら自分は簡単にできるぞと思い込

んでしまったことです。運転免許を取得しても，事故を起こさずに安全に運転できるようになるためには年数がかかります。現場代理人は単に現場を動かすのではなく，現場を運営しなければなりません。現場を運営するということは，リーダーシップを発揮して部下や協力業者を束ね，無事故で工事を完成させ，工事の品質と現場の利益を確保し，工事評定点を高くして会社の受注に貢献することなのです。現場を運営するには多くのスキルが必要なのに，現場代理人になってからも現場を動かす程度の仕事でよいと考えてしまい，次のステップに進まなかったことにも原因があります。

　さらに，「できる社員」と自分で思っているので，上司に相談したら，「こんなことも分からないのか」と一喝されそうで，「できる社員」のイメージにこだわり，「報連相（報告・連絡・相談）」を進んでしなかったことも原因の一つです。

　では，彼の上司の原因を考えてみましょう。「できる社員」だから，一人でやれるだろうと思い込んでしまったことが一つです。この上司は，「報連相」が多い部下の現場に自然と時間を費やすようになります。逆に，「報連相」がない部下の現場は，問題がなくうまくいっていると勘違いしています。

　これは私の経験ですが，初めて現場代理人になった時に，こんな上司がいました。私は，定期的に上司に連絡をとり工事の状況を説明していましたが，工事を開始して半月くらいたった頃，「現場代理人になったのだから，そんなに細かく報告しなくても，自分の好きなようにやっていいよ」と言われました。私は工事の運営方法を相談したのではなく，上司に意見を求めたわけでもなく，工事の経過を報告していたと思っていたのですが，そう言われた時に，この上司は私の現場を管理する気がないとすぐに判断し，このような上司にはならないようにしようと心に誓いました。

　勝手な解釈ですが，この上司は「報連相」がない現場を「問題がない＝自分にとってよい現場」と判断していたように思えるのです。現場代理人

を管理する上司は，管理のポイントを明確にする必要があり，その基準を自分自身の中で持っている必要があります。彼の上司は，管理のポイントを持っていなかったことも大きな原因と考えられます。

　つまり，会社が現場代理人になる前に身に付けておくスキルを教育しなかったことや，上司が現場代理人に教えるべきスキルを持ち合わせていなかったことが問題となります。現場を運営する能力は，現場を動かしている時には，なかなか身に付けることが難しいのです。

　「自分の思い通りに現場を管理するにはどうしたらよいか？」，
　「現場で発生した問題をどのように解決するか？」，
　「これから発生するだろう問題をどうやって予測するのか？」，
　「トラブルに対してどのような気持ちで対応するのか？」，
　「部下や協力業者に対してどのようにリーダーシップを発揮するのか？」，
　「現場でのコミュニケーションはどうしたらよいのか？」，
　「相手を引き込むような会話をするにはどうしたらよいのか？」，
　「発注者の工事評定点を上げるにはどうしたらよいのか？」，
　「発注者や協力業者に対してどのように交渉すればよいのか？」，
　「利益を上げるにはどうしたらよいのか？」，
　「設計変更はどのような手順でやればよいのか？」，
　「コストダウンをするにはどうしたらよいのか？」
　などを現場で全て学ぶことはできません。

　一方で，現場で身に付けられないからといって，決して難しいスキルではありません。この本に記した21のスキルは，言われればなるほどと思うような先達の教えを総合的にまとめたもので，いろいろな方々から頂いたアドバイスや経験談から，現場代理人の教育内容として培ってきたものです。

ここで，私の経歴をお話ししないとなぜこの本があるのかを説明することができません。私は，昭和51年に会社に入り，高速道路建設現場に配属になりました。私が入社した当時は，「仕事は盗んで覚えろ」と言われていた時代でした。高速道路の建設では，測量業務が大きな比重を占め，新入社員は測量の業務に就かされます。クロソイドブックを渡され，勉強しなさいと言われたものの，クロソイドの計算はさほど難しくないのですが，それをどのように測量に応用するのか最初はよく分かりませんでした。

　それでも半年くらいすると測量の技術も自然に体で覚えてできるようになりますが，「この半年がもったいない」と思うようになりました。測量教育を入社当初に実施すれば，2週間程度で高速道路を測量できる技術を授けられると思ったからです。それで，入社して半年経ち自信が出てきた時に，習得した測量技術をまとめてみたところ，こんなことに半年もかかったのかと唖然としてしまいました。当時は測量ができることが優秀だと思われていたので，先輩は「早く自分で測量ができるようになれ」と言いましたが，教育はしてくれませんでした。新入社員に測量教育などを施して，自分と同じレベルになってしまうことを心の中で拒んでいたようでした。

　しかし，私は「新入社員が2週間で測量技術をマスターしてくれれば，自分は他の仕事ができる」と考えました。それ以来，担当した工種に対して教育が可能なものに関しては，テキストを作成して教育を行うようになりました。入社5年も経つと，本社で行う新入社員教育で部署別に分かれた教育プログラムのうち，ポケットコンピューターを使った測量教育という内容で1日の教育を担当するようになっていました。その内容は，当時のプログラム言語であるベーシックで自作したソフトを使用して，単カーブ測量・クロソイド測量・座標計算・水糸測量等をプログラム化して，間違いのない測量技術として教えるものでした。1日だけの新入社員への測量教育ですので，当然全てを理解させることはできません。

　しかし，測量をしなければならなくなった時には，必ず私に連絡が来る

ようになりました。時には出張しての個人教育や，現場に行って実践教育をしていましたが，必要に駆られて受ける教育は，理解は早く教育時間は多くを要しませんでした。教育は受ける側の姿勢で何倍にも効果を発揮します。

　16年間ほど現場管理業務をやった後，たまたま技術士という資格を取得したことから，「本社で仕事を」ということで，技術部門の課に配属になりました。本社に配属になった当時は全国に現場があり，あちこちでトラブルが発生していました。それまでは，現場のトラブルは各現場の現場代理人が全権をもって解決する・・・といえば聞こえがよいですが，いわゆる現場任せでした。そうすると，各現場の技術力の違いから，落ちこぼれてしまう現場があります。そこで，早期に問題を解決して現場運営をスムーズにするために，「各現場のトラブルを解決せよ」というミッションを受けました。会社で初めての技術士ということで，期待は高く，仕事は山のようにあり，平日は現場を回って問題点を抽出し，週末に書類を作成して，翌週には発注者と打ち合わせ，設計変更や問題解決をするといった業務でした。当時は，問題解決を行う部署がなかったことから，私がその任を引き受けたわけです。

　問題解決業務を担当していた期間にも，現場代理人になる前の主任や係員の中に，すごく優秀で「現場代理人になったら利益を上げ，会社を背負って立つ人材に育つな」という人がいました。しかし，現場代理人になった途端にどうも雲行きが怪しくなってきて，「会社を辞めたい」とか「自分にはこの職場は向かない」とか言い出して，辞めてしまった人たちが結構いました。優秀で「できる社員」がこの土木業界から去っていくことが，非常に残念でなりませんでした。

　私は，彼らはきっと精神面の勉強をする時間がなかったのだろうと考えました。優秀で「できる社員」は，誰よりも多くの仕事をこなして，自分自身もエリートとしての自分に満足していましたし，ましてや上司にちや

ほやされているものですから，仕事ができるのだから自分には他に何も必要ない，と考えていました。しかし，現場代理人となってさまざまなプレッシャーが四方から津波のように押し寄せてくることを予測していなかったので，ちょっと強く打たれると心の柱がすぐ折れてしまうような人だったのです。

　問題解決業務を始めることになった平成3年の頃から，社内教育に関して，技術的な側面はもちろんなのですが，精神面を強化する必要があると強く考えるようになっていました。新入社員教育をはじめ，段階教育として2年生教育，3年生教育，主任教育，現場代理人教育とプログラムを作成して実施してきました。入社10年で現場代理人に育てるという目標を掲げ，入社3年までは技術面中心，入社5～7年には精神面を鍛える教育プログラムを作成しました。この本の主題である精神面の教育は，現場代理人となる手前の社員を対象としており，「発注の担当者と対等に話ができない」，「自分の思う方向に現場を誘導できない」，「部下をうまく使いこなせない」，「利益を上げることを躊躇してしまう」，「寡黙で無口な性格から雄弁で積極的な性格になれない」など，現場代理人が越えなければならない課題を抽出した内容となっています。抽出した内容と先達の教えを並べてみたら21のスキルに集約されたということなのです。

　公共工事では，発注する側から見ると，スペック通りに安全で工期内に品質を確保できる業者であれば，どの会社に発注しても問題はないと思われます。また，その限りでは，入札価格も安い金額で応札してくれる会社ならどこでもよいことになります。しかし，受注しても施工能力が欠けている技術者が配属される可能性がありますので，建設会社として同種工事の実績があるか，あるいは配置技術者が同じような工事を経験しているかを事前に審査するようになっています。それに加えて，工事当初から竣工までの間，発注者がしっかりと配置技術者を監視するシステムとなっています。さらに，提供された製品の出来形である出来栄え等を評価して工事評定点を付け，ボーダーラインより下の業者は指名停止としています。

　このように施工能力のない会社を排除しようとしていますが，逆に言えば，発注者から見た場合ある一定レベル以上であればどの業者でも構わないのです。建設会社は星の数ほどあるので，代わりを心配することはありません。こうしてみると，受注者と発注者は明らかに対等な関係ではないことが分かります。したがって，日本では請けて負けると書いて「請負」

と言われています。

　そんな対等ではない関係でも，工事が完了して請求書を出せば，全て現金で支払ってもらえますので，建設会社は公共工事を受注したいと思っています。「請け負け」と分かっていても，必ず支払いがあるという保証があるので，受注戦略を立てて，確実な入札金額を積算して落札したいと考えるのです。

　積算をしただけでは落札できません。同じような工事を経験した技術者を確保して，受注しようとする現場に配置する必要があります。落札をより確実にするためには，その配置技術者に「品質を向上させ，創意工夫を提案し，工事評定点を上げるスキル」や「事故を予防し，発注者と交渉できるスキル」を教育していかなければなりません。また，配置技術者は，現場内でリーダーシップを発揮して部下や協力業者を指導し，将来の問題点を予測して対策を考え，発生するトラブルを解決し，円滑な作業環境をつくるスキルを身に付けてもらわなければなりません。

　しかし，スキルを伝授すると言っても，体系的な観点でスキル教育をしていくことはかなり難しさがあります。それは，先に述べたようなスキルを習得してもらうための教科書がどこにもないからなのです。技術レベルの教育本は数多くあるので困りませんが，スキルを体系的に習得できる教育本を探そうにも存在していないのです。

　本書は，現場力をアップさせるための21のスキル（建設現場で語り継がれる永遠のスキル）として，過去から先達が受け継いできた現場で必要なスキルを，「現場代理人に必要な7のスキル」，「上手に現場を運営する7のスキル」，「現場を把握して利益を確保するための7のスキル」の3テーマに分けてまとめてあります。現場代理人のメンタル面にスポットを当てていますので，技術的な話は少なくなっていますが，本書の内容を身に付けることで，現場代理人として自信を持つことが可能な内容となっています。

　建設業では，技術の伝承がうまくいっていないなどの問題がありますが，

技術面だけではないことに注目し，精神面を取り上げています。現場代理人になりこれからという時に，メンタルバランスを崩して会社を去ってしまうようでは建設業界の損失となります。

　現場代理人として経験を積み，自信が持てるまでの期間が重要であることから，現場代理人のメンタル面をスキルアップしていく必要性があると考えています。現場を運営するために，「これから現場代理人を目指す人へのメッセージ」として，折れないパワフルな成長を目指し，21のスキルを身に付けて，自分自身の現場力をアップする手法としての活用をお願いするところです。

　この本は，平成16年から毎年行われている東京土木施工管理技士会主催の「現場管理スキルアップ講習」の内容をまとめたものです。決して大上段に構えた内容ではなく，先達たちが建設現場で語り継いできた永遠のスキルを紹介しています。「このスキルを身に付けられたらいいな」という技能を見つけた時には，是非，自分自身の現場への導入を検討し，活用していただければ幸いです。

Ⅰ 現場代理人に必要な7のスキル

　現場代理人に必要な7のスキルですが，その内容を見たら「これが現場代理人のスキルかな？」と疑問に思われるかもしれません。現場代理人に必要で大切なスキルは，建設業だけではなく他の業界でも同じではないかと考えています。

　先に話しましたが，優秀な「できる社員」ほど現場代理人になった時にグラグラしてしまうのは，誰からも「優秀だね」とチヤホヤされて，苦労を知らずに育ってしまったことにあります。それまで自分の人生に影響を与えるような挫折を味わうことなく育ってきてしまったのだと考えられます。

　つまり，精神面の成長が中途半端で，打たれ弱いということなのです。全く苦労を知らずに育ってきたということはないと思いますが，大きな苦労に遭遇しなかったのだろうと推測できます。ところが，現場代理人になった時から津波のように四方から押し寄せてくるさまざまなプレッシャーに耐え抜いていかなければならないのです。

　例えば，現場を前に進めるために，追加工事の施工が必要になったとしましょう。現場代理人としては，落札率が低いので追加工事を行っても現場の収支が改善されないと思っていましたが，追加工事を先に施工しないと次工程に進めないのであればやらざるを得ません。しかし困ったことに，発注の担当者はその追加工事を施工する前に工事金額を決めてはくれません。その理由は，昭和44年3月31日付け建設省官房長から各地方建設局長あての「設計変更に伴う契約変更の取扱いについて」の中に請負代金30％を超える工事は原則として別途契約とし，請負代金20％以下の軽微な設計変更は工期の末に行ってよいとあります。この官房長通知が，日本全国の自治体でバイブルとして引用されています。請負金額の20％

又は4,000万円を超えるものについては，総括監督員の確認が必要であり，あらかじめ，契約担当官の承認を受ける必要があると記されています。逆にいえば，発注の担当者は20％以下の設計変更であれば，総括監督員や契約担当官の承認を得ずとも追加工事を行わせることが可能であり，追加工事の工事金額を決定するのは工期末の竣工前まででよいことになるのです。このような発注者側の事情を理解せずに追加工事を行うと痛い目にあうことになります。

　当初の請負金額を1億円，算出した追加工事の工事金額が3,500万円くらいとしましょう。現場代理人は，かなりの額だなと思いながらも設計変更を進めていくことになります。しかし，この工事を予定価格の85％で落札していた場合，この落札率を掛けるので，3,500万円は2,975万円となってしまいます。

　ここから現場代理人の苦悩が始まります。「本当に2,975万円もらえるのだろうか？」と現場代理人の心を押しつぶそうとする不安がプレッシャーとなり，見えない敵となって現れます。「発注者から，自分が考えた工事金額をもらえるか？」と思う心の負担は，1日中ずっしりとのしかかってきます。工事が最終段階に入り，工事金額が決定するまで，現場代理人の心を攻撃し続けることになります。追加工事を始める前に工事金額が決定していれば現場代理人の心の負担を軽減できますが，現実にはそうはいきません。そして，最後に発注者からこう言われることもあります。「設計変更金額は，請負金額の20％以下（軽微な設計変更）としなければなりません。よって請負金額1億円なので，上限の2,000万円を超えての支払いはできません」と，担当者は簡単に現場代理人にこの金額での契約を表明してきます。

　さて，現場代理人は，2,975万円と考えていましたので，どうにもならずに途方に暮れることになります。発注者の都合により一方的な内部のルールが，多くの現場代理人を泣かせてきました。この不合理とも思える

扱いは，建設業法違反を誘発・奨励していると考えてもおかしくありません。現場代理人は，協力業者と合意した工事金額で下請負契約を交わさなければ工事を開始することはできないことになっているからです。

　しかし，先の官房長通知を利用して，軽微な設計変更として発注者は工期の末にしか工事金額を提示してくれません。これは全国の官公庁でほぼ行われている現実です。そのことを知っているか知らないかでは，現場運営の戦略に大きな違いが出てきます。また，会社としてこのような事実を教育していれば，現場代理人の心の負担を軽減させるだけでなく，工事最終段階での危機を回避することが可能となります。

　現場代理人の心がそのようなさまざまな不安に耐えられるように，自分自身の精神面を鍛えておく必要があります。そのためには，現場代理人になる前にメンタルな部分の修行をしておいた方がよいと考えています。先達の教えや積み上げてきた経験から，現場代理人に必要な7のスキルとして，「現場代理人はこういうことをやってみたらどうだろう」という具体的な方法を示したいと思います。

❶ 現場を自分の思い通りに管理するスキル

　まず，自分の思い通りに管理するスキルの考え方と現場の運営のコツということですが，現場を会社と考えましょう。会社では年間の目標や行動指針を計画し実行しています。これを現場でもやりましょう。

• 現場に行動指針を掲げる

　「現場は現場だよ。会社とは違う」と特別扱いにせず，現場を一つの会社として捉えましょう。現場を会社と考え，会社と同じように目標を掲げてみます。そうすると自分が目指す方向が明確になります。この目標の内容については，後述の「QCDS（品質，原価・コスト，工程，安全）の目標は一つずつがよい」でお話しします。

　次に現場内での「**しつけ**」です。この現場に来たらこれだけは実践してください，という現場代理人の強いメッセージです。「しつけ」というのは行動指針を意味します。行動指針は，朝礼・安全大会・安全協議会などで必ず宣言してほしいのです。現場代理人のメッセージとして，いつも伝えることで人は教育されていきます。毎日聞かされると，その言葉が現場で働く人たちの頭の中に残ります。

　以前，ＡＢＣという言葉が話題になりました。本の題名だったと思いますが，よく聞きました。Ａは当たり前のこと，Ｂはばかばかしいほど，Ｃはちゃんとやる。「当たり前のことをばかばかしいほどちゃんとやる」ことで，素晴らしい教育効果を生むことができます。自分自身もブレないために行動指針と目標を必ず口に出していると，自然と自分自身の心を強靭(きょうじん)にしてくれます。「自分で決めたことだから，必ず実践するぞ」と心に刻んだ時，メンタル面の基礎ができあがります。押しつぶされそうな不安やさまざまなプレッシャーに勝つためには，自分で決めたことを徹底的に実行することです。毎日これを繰り返していくと，より強靭な心を形成する

ことが可能となります。凡事徹底するということが，どれほど自分自身の心を強くするか，今から実践してください。

現場での行動指針は，何でもいいのです。例えば，「あいさつをしましょう」でもよいのです。毎朝，現場巡視時，打ち合わせ時などに，あいさつを励行していると現場が1週間で変化します。働く人全員があいさつをするようになります。行動指針は「あいさつをしよう」，それだけでよいのです。お金がかからない，手間がかからない，非常に素晴らしい行動指針だと思っています。

安全大会などで，私はよくこのような話をします。

「皆さん，現場代理人は毎朝一人一人にあいさつしていますか？」

「この現場にはごくろうさま，おはようございますという声がありますか？」

私は仕事柄多くの現場に行きますが，必ず実践していることがあります。それは働いている皆さん一人一人に声をかけることです。朝は「おはようございます」，それ以外であれば「ごくろうさまです」と声をかけます。そうすると，働いている職人さんが，誰だろうという顔で見返す現場が結構あります。その現場では，あいさつをされたことがないことを物語っています。その現場では，働いている人々の心が通っていないことが分かります。毎日欠かさずにあいさつをされている現場所長さんの現場へ行くと，「おはようございます」と言えば顔を見なくても「おはようございます」と大きな声が返ってきます。あいさつなんかしている時間が惜しいくらい忙しいけれど，「あいさつくらいはしないといけないよな」という雰囲気があります。あいさつをするとすぐにあいさつが返ってくる。これは心が通じ合っていて，自然とコミュニケーションが構築されている証拠です。

今日からこの現場では働いている人，一人一人に「おはよう」，「ごくろうさまです」と言ってみてください。変な顔をされるか，大きな声であいさつが返ってくるか，どちらですかね？　自分からあいさつするのは勇気

がいりますが，一度大きな声で自分からあいさつをしてみると意外と気持ちが良いもので，癖になってきます。いつもあいさつしている人はもっと大きな声であいさつしてみてください。現場全体に気心が知れた雰囲気が醸(かも)し出されてきます。そして誰かが仕事に集中して危険と隣合わせの時に，「危ないよ」と声がけができるようになります。そんな声がけから，危険な作業の芽を摘むことが可能となります。ヒューマンエラーによる事故を抑止できる現場へと変化していくようになります。

　また，この人，誰だろうと思った時は，新規入場者だと分かります。その人には，びっくりするようなあいさつをして，関心を持っていることを伝えてください。そのように接していれば，事故を発生させない現場になっていきますし，事故は防止できると思います。必ず，一人一人にあいさつをしましょう。あいさつほど現場の雰囲気をよくする方法はありません。是非，実践してください。

● 現場運営の４つのコツ「コロッケ力（りょく）」

　現場運営の４つのコツは，C（コ），R（ロ），K（ケ），K（カ）をまとめて「コロッケ力（りょく）」と考えてください。「コロッケ力」とは何でしょうか？

> **C（コ）：コンピテンシー（成功体験教育）**
> **R（ロ）：ロールモデル（目標となる人）**
> **K（ケ）：謙虚さ**
> **K（カ）：感謝の心**

　では，現場運営の４つのコツ「コロッケ力」を説明します。

C（コ）：コンピテンシー（成功体験教育）

「この手順で作業したら仕事がスムーズにでき，安全が確保でき，無事故で完了した」というような成功体験をコンピテンシーといいます。これを作業手順として記録に残し，伝えていくことが必要になります。これが経験知となり，将来に生きてきます。同じ工事でなくても，手順が同じような作業の場合に「あの時に成功した作業手順でやればできそうだ」という記憶の引き出しとなります。後述する「アイデアは，常に考えているから出てくる」に具体的な手法を記してありますが，少し触れておくことにします。私の経験でも，「素晴らしい思い付きだ」と思っても，記憶をたどると過去に経験したことが自然と連結されて思い出されたのだ，と気付くことがあります。「無から有は生まれない」とはその通りで，知識と経験がなければ，脳の中にある膨大な情報を結びつけてアイデアとして形にすることはできません。知識を常に取り入れ，経験知を多く持つことが，スキルアップの極意なのです。

R（ロ）：ロールモデル（目標となる人）

　現場で働いている人たちの中には目標となる人が必ずいるはずです。職長さんが素晴らしければ安全な作業を心がけてくれます。働いている人の中にも，質問をするとしっかりと答えが返ってきて，作業手順の提案をしてもらえることがあります。専門職として長年働いていることで，素晴らしい経験をたくさん持っている人たちです。そのような優秀な人たちを安全大会で表彰すると，現場の士気は上がります。「この現場で働いていて楽しい」という動機付けをすることで，表彰された本人はもちろんですが，「現場の所長さんは自分たちのことを認めてくれる」と思ってもらえれば現場はよりよい回転をしていくことになります。

K（ケ）：謙虚さ

　現場代理人が指示を出す時に，高飛車に話すのか，「申し訳ないけれど」

と言って下からヨイショする気持ちで話すのかでは，後の作業に大きな違いが出ます。誰でも立場が逆になってみれば，よく分かることです。高飛車に「おまえこれをやれ」と言われて，「ハイ，そうですか」と言って気持ちよくやってもらえるでしょうか。

　現場代理人には雰囲気づくりが必要です。無駄話を１〜２分してから，「申し訳ないけど，このように変更してもらうと安全で事故が防止できると思っているので，お願いします」と言われたら，やらなくてはいけないかなと思ってもらえると思います。現場代理人は，マネジメントをするのが仕事ですから，現場で働いている一人一人が同じ方向を向いて安全に作

COLUMN

　建築と土木では，発注や仕事の進め方に違いがあります。建築は，協力業者に材工一式という形で発注します。その場合，どんなトラブルが起こっても請けた業者の責任で仕上げなければなりません。したがって，建築の元請けの主な業務は工程の調整となるのですが，土木はそういうわけにはいきません。

　例えば，高速道路の橋脚工事において，土工事，基礎工事，鉄筋工事，型枠工事，コンクリート工事というように分割発注をします。土木は発注のほとんどが官公庁ということもあり，品質，工程，安全に対し必ず元請けとして関与し，発注者の仕様を満足するように協力業者を指導しなければなりません。土木の元請けは品質，工程，安全を管理する業務を担うのです。

　一度事故が発生すると，工事評定点は下がり，指名停止となり，次の受注ができなくなります。仮に勤めている会社が，地方自治体の２〜３市から受注して工事をしている場合，１つの市から指名停止になると30％の受注チャンスがなくなることになりますので，会社経営に大打撃を与えてしまうことになります。事故を起こすと会社がなくなることまで考えなくてはならないのですから，現場代理人は身につまされる思いで仕事をしているのです。現場代理人は，現場で働いている人々と心を通い合わせて，安全に工事を進めていくという謙虚さが大事な理由の一つと考えています。

業を進めてもらえるようにする必要があります。マネジメントとは、働いている一人一人にその気になって作業をしてもらい、高品質な製品を作り上げることなのです。1級施工管理技士の資格を取っても、現場を思い通りに動かすポイントはその資格範囲にありませんので、スキルとして身に付ける以外ありません。

K（カ）：感謝の心

　いつも持っていてもらいたい心です。工事を請け負っているのは、元請会社です。元請会社には、技術力があり、品質を確保するノウハウがあり、図面を見る能力があるのですから、自ら工事を遂行できれば理想的ですが、現実には無理があります。そのためには、クレーン、掘削機械、鉄筋工、型枠大工など全ての業種の機械と職人さんを抱えていなければならないからです。コンスタントに仕事を受注できるという確約があればこの大世帯を維持することも可能ですが、それは無理な話です。したがって、現場代理人が工事を遂行するためには、自分の代わりに働いていただく各工種の専門業者さんと一緒に仕事をすることになります。

　だから、自分の代わりに働いていただいているという気持ちを持たないと、現場で働いている人々に感謝の気持ちが伝わりません。そういう気持ちで現場代理人が現場を見渡せば、コミュニケーションを構築できるし、働いている人々全員が「いいものをつくろう」という気持ちになると思うのです。「おまえのところに発注したのだから、おまえがしっかりやればいいんだ」では、利益が上がらないばかりか、事故が発生する可能性もあります。感謝の気持ちは、現場のコミュニケーションをよくするための心のお守りと考えましょう。

• QCDSの目標は一つずつがよい

　前に「現場に行動指針を掲げる」について触れましたが、現場の目標と

共に行動指針について，実際にどうすればよいのか考えてみましょう。

現場の目標は，「QCDS」の4項目について決めるようにしましょう。**Qは品質（Quality），Cは原価・コスト（Cost），Dは工程（Delivery），Sは安全（Safety）となります。**特に，現場で必要な品質目標と安全目標は必須です。それともう一つが，先に述べた行動指針です。現場代理人が，毎日，この3つを朝礼で繰り返し話したら，現場で働いている人たちは，「またその話か」と思うかもしれません。しかし，毎日聞いていると，確実に記憶の中にインプットされていくのです。

例えば，朝の満員電車では，必ずアナウンスが流れます。それも定期的に，繰り返し流れています。車掌さんはタイミングよく，乗降の多い駅では「押し合わず，前の人に続き順番にお降りください」，乗客が多くなってきたなと思う時には「新聞を大きく広げて読みますと周りの皆様に迷惑がかかりますので，小さく折り畳んでお読みください」，「大きな荷物は横に置きますと周りの皆様に迷惑がかかりますので，立てて置くようにお願いいたします」などとアナウンスしています。電車では本を読んだり，携帯を操作したり，ゲームをしたりしていますが，確実に耳に入ってきます。乗車時間が長い人は，それだけたくさんのフレーズを聞くことになります。

定期的に流れるこれらのフレーズが，知らず知らずのうちに乗車している人々を教育し，満員電車の中でのトラブルの発生を予防しているのです。けんかをしないようにと繰り返しインプットされているのか，「またアナウンスしている」と思っても意外と腹が立たないことに気が付きます。満員電車の中では，腹を立ててトラブルを起こしてもしようがないし，みんな急いでいて大変だからお互い様だという気持ちに落ち着くのだと思います。

通勤の時は，アナウンスされているような内容について考えて乗り込んではいません。電車に乗る前には，トラブルの予防について何も考えていないことに気が付きます。車内アナウンスは，トラブルを起こさせないた

めの素晴らしい教育手法だと思っています。

　では現場に目を向けてみると毎朝通勤してくる時に，この現場の目標は「手すりを必ず付ける」だったなと確認しながら入場する人はほとんどいないと考えて間違いないでしょう。したがって，現場で働いている人々は毎朝リセットされていると理解して，現場代理人が朝礼で毎日同じ行動指針や目標を話すことが，電車内のアナウンスと同じ効果を及ぼすと考えてください。この現場に来たらこの行動指針と目標が必要だと理解して働いてもらうために，満員電車のアナウンス効果を利用してみてください。現場代理人は，朝礼で同じ内容を繰り返すことで，自分の考えている現場像をつくり上げるのだと思ってください。

　つまり，これが凡事徹底を心がけることなのです。現場の朝礼は全員が集まっているのですから，現場代理人が「毎日同じことを言う」という意志の強さを持って，「しつけ」を行ってください。**「しつけ」は，人を高品質に育てていくための一番効果が高い教育方法と考えてください**。昼の打ち合わせは職長さんしか来ませんので，皆さんが書かれている施工日報の中の安全指示事項もこの時に必ず伝えておきましょう。職長さんが働いている人全員に安全指示を伝えられない場合も想定して，元請けとしての安全指示事項を朝礼で働いている人全員に話をすれば，聞いていない人はいないことになります。これが安全指示事項を末端まで伝えたという唯一の確認方法と考えています。

　自分自身の個性ある現場管理手法と現場にあった目標を掲げて実践すると，現場の雰囲気がよくなりますので，次の例を参考にしながら目標を決めてください。

　　Q（品質）：クラックのない構造物
　　C（原価）：利益の2％アップ
　　D（工程）：1ヵ月の工期短縮
　　S（安全）：手すりの徹底

このように，現場での目標は，QCDSそれぞれに一つずつがよいと考えています。

目標が多くなると，覚えきれないし実行するのが大変になります。また，複数の目標があると優先順位が分からなくなるので，やることが中途半端となり，目標自体が薄まってしまうものです。したがって，目標は分かりやすい言葉を使い，シンプルなものにしましょう。

❷ 現場の問題点を予測するスキル

現場の問題点を予測するスキルですが，情報をどのように扱うかがポイントになります。現場で情報を一番多く持っているのは，現場代理人です。発注者や関係官庁との打ち合わせ内容，協力業者との契約，材料の取り決め価格，実行予算，部下の情報，社内のさまざまな情報等がありますが，現場の情報は現場代理人一人に集中しているのです。

チームを組織して現場を運営している場合は，現場代理人が持っている情報を他のメンバーに全て伝えられているかが問題となります。発注者との打ち合わせ内容は，打ち合わせをするたびに更新されてどんどん変化していきます。つまり，そういう更新情報も現場代理人が他のメンバーに伝達しているかということです。

現場代理人の中には，よく勘違いして，「自分は所長だから自分だけ情報を持っていればいい」と思っている人がいます。しかし，情報の滞りは事故を誘発し，品質を悪化させ，発注者の信頼まで失うことになります。一番情報を持っている人が，協力業者との打ち合わせや段取りをして，現場へ出て測量をして，全てのことをこなせれば問題ないでしょうが，チームとして組織された現場を運営している場合は，一人で全てを行うことは不可能です。したがって，毎日変化する情報は毎日の打ち合わせの中で伝えていけなければなりません。チームのメンバーと工事完了までの工事情報を常に共有しておく必要があるのです。

情報は，一人が握っているだけでは価値がありません。現場にいるメンバー全員に行き渡っていなければ，現場を正しい方向に導くことができません。もし情報のムラがあった時には，トラブルとなります。また，現場のメンバーの中でも年齢や経験の差による技術レベルの違いから，同じ話が違った内容で解釈されて理解されれば，現場が違う方向に動いていくというトラブルも発生します。現場代理人は，忙しい時に限って，「情報が伝わっていない」とか「情報が間違って伝わっている」ことを発見できない場合があります。これが，やり直しや手戻りが発生する原因となってしまうのです。

- 情報を共有して問題点を予測する「問題解決会議」

　現場のメンバー全員が，情報の共有と問題点の抽出をして，トラブルを予測することができる具体的な手法を次に示します。今までの経験から，情報の共有や問題点の抽出のために最良の方法だと思っています。

【情報の共有と問題点の抽出をして，現場の問題点を予測する手法】
・Ａ１判の大きさの紙に工程表を印刷します。
・その工程表を会議室のテーブルの上に置きます。
・テーブルの周りに現場でチームを組む全員が座ります。
・情報を一番持っている現場代理人が，発注者の要望事項などを付箋に書き工程表に貼っていきます。
・会議の進行は，チーム全員が発言できる雰囲気を出すため主任さんに任せます。
　ルール①　見当違いな発言でもその場で否定しないこと
　ルール②　考えていたことを各人が付箋に書き込み工程表に貼ること
　ルール③　会議の途中でも思いついたことを付箋に書き込み工程表に貼ること
　ルール④　最初の会議の時には必ず工事の終了まで意見を出し合うこと

- これらのルールを守りながら，Q（品質），C（原価・コスト），D（工程），S（安全）のテーマで問題点を各人の立場で出し合います。
  問題点の検討事項を次に例示します。
  - Q（品質）…発注者の要望事項，社内基準，設計変更など：施工計画の詳細化，作業手順の明確化，協力業者の教育など
  - C（原価・コスト）…発注者の要望事項，コストダウン，設計変更，利益アップなど：発注差額が見込める他工法への変更承諾，協力業者の変更など
  - D（工程）…設計変更，工期短縮など：施工順序の変更，工法の変更，協力業者の増員など
  - S（安全）…仮設計画の検討，設計変更など：作業手順の変更，仮設工法の見直しや変更など
- 抽出した問題点を「現場で解決できるもの」，「協力業者に頼むもの」，「会社を巻き込むもの」に分類します。
- 「現場で解決できるもの」は，期限を決めて偏らないように現場代理人も含めてチームのメンバーに割り振ります。
- 「協力業者に頼むもの」，「会社を巻き込むもの」については，現場代理人が各署に期限を定めて依頼をします。
- 会議の場で結論が出るものと出せないものがありますので，問題点を忘れないように工程表を事務所に掲示します。
- 現場代理人は，付箋に書いた問題点が解決をしたらその付箋を剥がします。
- さらなる問題点が発生した場合は，付箋に記入し工程表に貼付し，担当者を決めます。現場代理人は，問題点を書いた付箋を剥がすことや問題点を解決していく過程を楽しみながら前向きに対応しましょう。

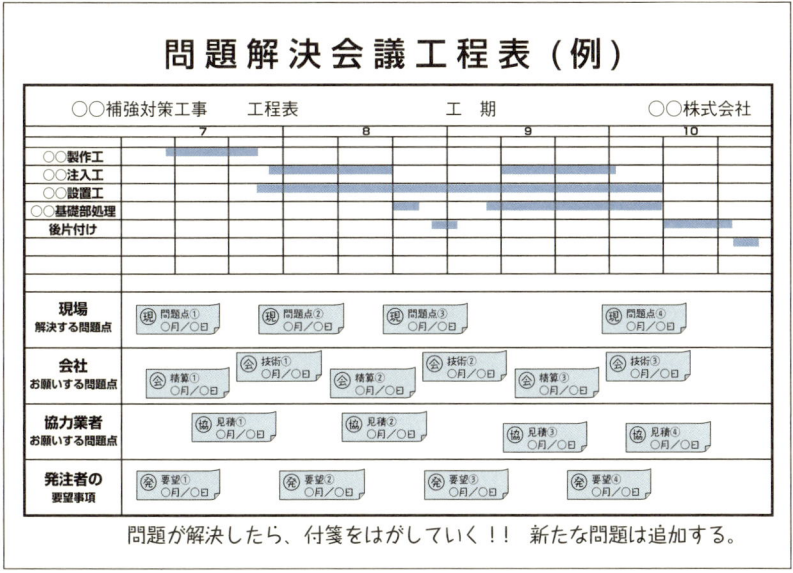

I. 現場代理人に必要な7のスキル

- 問題解決会議の例

　先に示した手順で現場のチーム全員に情報と問題点を把握させることができます。また，問題点を掲示しておくことで，心の余裕を生むこともで

きます。

　では，コストに関する問題について具体的な例を挙げてみましょう。

　「全体の中で工事費が一番大きい工種の採算が厳しい」という問題点に，「○○工種の金額を10％下げることができたら利益が1.5％改善する」と具体的に記載します。具体的に記載することで，チーム全員にインパクトを与えることができます。協力業者への発注のことや利益のこともチーム全員に情報を共有させると，チームは真剣になります。

　次に，工程に関する問題に関して具体的な例を挙げてみましょう。

　「仮設計画にある山留工は3段切梁で計画されているが，工程を短縮できないか」という問題点に，「施工地盤を1m低くすると2段切梁に変更できそうだ」と具体的に記載します。その時，「施工地盤を1m下げた土砂の仮置き場があるか？」，「どの程度の範囲まで下げても大丈夫なのか？」，「仮設計算は誰がやるのか？」などの付随した問題点が出てきます。

　会議では，「仮置き場は問題なさそうだ」，「粘性土地盤なので，根切りから45度の範囲の土砂を撤去すればよいので，約20m×30m＝約600㎡となり，60万円でいける」，「仮設計算は，鋼材リース会社に頼もう」，「仮設費用が減額となるので，土砂の移動費はカバーできる」などと出された意見によって前向きに問題解決への意見がどんどん出てくるようになります。工程表に貼り付ける付箋の内容は，「山留工仮設計算を1週間後まで：担当者○○主任」となります。

　このように問題点を拾い上げていけば，工程表は問題点解決シートになります。この会議は，全員参加でやることが重要で，新入社員も交えてやりましょう。新入社員には会議の内容が全て勉強となりますし，現場の問題点を把握させることができます。得てして，新入社員の発言が問題解決の糸口になることがあり，新入社員の新鮮な意見も侮れません。

　この会議によって，現場の向かう方向が決まり，チーム全員のやること

が明確になり，現場の士気は向上します。現場代理人は，先に挙げたルール①～④を必ず守ってください。現場代理人の考え方一つで，生きた会議になるか，押しつけ会議になるかが決まります。チームで仕事をしていることをくれぐれも忘れないようにしてください。

　問題が解決したら付箋を剥がします。剥がしていくと気持ちが軽くなってきますが，少なくなってきたからと喜んではいけません。問題というのはいつでも発生するものなので，定期的にこの会議を行って，現場の方向と実施項目を確認してください。会議をすれば付箋が増えますが，チーム全員が情報を共有することができます。今後発生する可能性がある問題点を予測するのが楽しくなってきますので，心の変化を楽しみながら，チームワークを構築してください。

　この会議は，２時間程度を限度として実施してください。２時間で終わらない場合は，また後日に会議の続きを行うとよいでしょう。チーム全員に情報を共有し問題点を知らせるためのテクニックです。是非，現場で実践してください。

❸ 問題解決の順序を決めるスキル

　問題解決の順序を決めるスキルですが，結論から話しますと，簡単な問題から解決していくことが鉄則となります。

　これから山登りを始める人で，最初からエベレスト登頂に挑戦する人はいないと思います。山登りには順序があり，低い山から始めて，高い山に挑戦すると言われています。問題解決の順序も山登りと同じです。

　現場で発生する問題は，決して一つではありません。面白いことに，一つ問題が発生すると，必ず２つ３つ４つと発生してきます。問題が重なって，現場代理人にプレッシャーをかけるようになります。問題が５つ出てくると普通の人でもギブアップとなり，「もうダメだ，こんな仕事イヤだ」という気持ちになります。そうなる前に問題を解決しておく必要がありま

す。

　自身の心に重たくのしかかり，うつ病になりそうな悩みをそのままにしていると本当に病気になりますので，定期的に悩みを紙に書き出してみましょう。すると，その数が意外と少なく，3つ程度しかないことに気付きます。悩みを文字にした時に，「こんなことで自分の心はいつもプレッシャーを感じていたのか」と思うはずです。

　小さな悩みが一つの時は心の平静を保つことができますが，複数になると常に心に見えない大きなプレッシャーとなってきます。見えないプレッシャーを見えるように文字化すると，心はまた平静を取り戻すことができます。文字化すると解決策が見えてくるからです。「この悩みは，今からすぐに取り組まないといけないな」，「その悩みは，3ヵ月先までに解決すればいいな」，「あの悩みは，3年先の自分の変化に期待しよう」と期限を切ることで意外と悩みが目標に変わってしまうことに気付きます。心の中の悩みの数を少なくすることが，心の平静を保つ秘訣です。

● 問題は「難しいもの」より「易しいもの」から解決する

　現場に複数の問題がある場合に，解決する順序はどうするのかというと，現場のチームで解決が可能な，簡単ですぐに解決できるものから手をつけていくのです。問題解決のレベルでいう容易なものから順番に解決していくことになります。

　容易な問題を解決すると，4つあった問題が2つもしくは1つになることがあります。また，簡単に解決できる問題点から始めると，今まで大きな問題と考えていたものが，中程度の問題に変化していくことがあります。このように，容易な問題をすぐに解決してその数を減らしていくと，他の問題の位置づけが変化することにつながっていくのです。

I. 現場代理人に必要な7のスキル

「簡単にできるものから始める」という優先順位をつけると，時間がかからずに早く解決できることから，自身の心の安定をもたらしてくれることになります。逆に，簡単で早く解決できる問題をそのままにしておくと，小さな問題が中くらいになり，果ては大きな問題に育ってしまいます。「忙しい」と言い訳をしていると，簡単な問題はどんどん膨らんでしまい，1ヵ月もすると大きな問題に育ちます。すぐできることは時間をかけずに対応しましょう。何もしないでいると，自らトラブルをつくる結果となります。問題は小さなうちに対処することが現場代理人の役割と心得てください。

- **発生したトラブルは現場代理人が自ら進んで解決をする**

　現場で発生したトラブルは，現場代理人が必ず自ら進んで解決をしてください。現場代理人は，現場のチームの誰よりも情報を多く持っているのですから，トラブルの解決を人任せにして逃げてはいけません。トラブルというものは面白いもので，逃げるとどんどん追いかけてきます。自分が嫌だなと思って，後回しにすればするほどトラブルが大きくなってきます。

発生したトラブルが大きな問題となってから対応を始めると，会社からは「なんで何もしなかったのか？」と怒られ，発注者との信頼関係は低下し，部下からも「所長は，何をしているのだろう？」と良好だった現場のコミュニケーションが一瞬で崩壊していきます。そうなると上司も誰も助けてくれなくなり，部下でさえも近づかないようになり，孤独の王様になってしまいます。そこまでくると現場代理人は，部下に強く当たり，権力で押さえつけることになるので，部下は「一生この所長とは仕事をしたくない」という固い決心をさせてしまいます。そうならないようにするには，早く自らが対応して，容易で簡単なトラブルのうちに，その芽を摘んでしまうことが肝心となります。

　さて，トラブルの解決手法は，以下の①，②，③を手順としてください。

①現場をよく見る

②現場の仲間を引き込む

③働いている人々を誘導する

　トラブルを解決するということは，トラブルの原因を特定することです。その原因は現場にあるので，現場をよく見ることなのです。現場代理人の職務として，午前中1回，昼から1回と現場を見回りするように決められていますが，1日2回の見回りでよいとは書かれていませんので，何回も見に行くことが必要です。トラブルを解決する答えは，必ず現場にあります。現場を見れば，解決策は必ず見えてきます。トラブルが発生した場所で，30分ぐらい現場をよく見ていると原因を特定することができます。

　30分かけても原因が見つからない場合は，部下，協力業者，上司に声をかけて，複数の目で原因を追究します。現場の仲間を引き込むと必ず救世主が現れてくれます。現場の面白さは，トラブルが起こると，働いている全員がトラブルのことを考えてくれているところです。「現場であいさつをしよう」という行動指針を掲げて現場代理人が自ら実践していれば，それぞれの人たちの心の中に自然と仲間意識が育っているのです。なので，

困った時ほど自分一人だけで考え込まずに，働いている人たちの力を借りましょう。もちろん，上司も含めて意見を出してもらいましょう。

　トラブルの原因が特定できたら，問題解決へのストーリーを考えましょう。**「（2）現場の問題点を予測するスキル」**（P24）でお話ししたように「現場で解決できるもの」，「協力業者に頼むもの」，「会社を巻き込むもの」に分類して，すぐに実行していく行動力が必要です。発生したトラブルは，早く小さいうちに現場代理人自ら解決していくことです。そして，問題解決のシナリオができたら，巻き込んだ人たちを誘導してトラブルを解決していきます。

　現場代理人が解決策を決定してしまえば，解決策の実施は現場代理人ではなく，現場で働いている人々がやってくれます。現場代理人は，「皆で，頑張ってやろう！」と雄叫(おたけ)びを上げて士気を高めながら，現場で働いている人々を誘導してあげてください。解決することができたら，解決策を遂行してくれた現場の人々にねぎらいの言葉をかけてください。

④ 現場にトラブルが発生した時のメンタルスキル

　現場にトラブルが発生した時のメンタルスキルですが，現場代理人としての成長と精神上の安定のためには一番大切なキーポイントとなります。建設会社で働いている人々は，「建設業だけがトラブルが多い」と思い込んでいる人が多いように感じます。「建設業だけがトラブルが多い」という一種の呪縛(じゅばく)みたいなものに支配されていて，どこにいっても「大変だ」とか「苦労が多い」とか，そんな話ばかりしているものですから，この業界に若い人たちが入らないのではと，疑いたいくらいに残念に思っているのは，私だけでしょうか・・・。

　ここでいうトラブルは，広い範囲で，いろいろな意味を含めてトラブルと言わせていただきますが，トラブルのない仕事はありません。どんな業種でも，どんな仕事でもトラブルは発生しますし，トラブルを避けては仕

事ができません。そして，どんな業種でも，どんな仕事でも，トラブルを解決することこそが，利益の源泉なのです。全産業と言っても大げさでないと確信していますが，トラブルを解決することが，本当の仕事なのです。トラブルを解決した企業だけが，利益を手にして生き残ることができるのです。

• **トラブルはチャンスである**

　トラブルは，避けようとすると近寄ってくるものです。それも，一番来てほしくないと考えている時期に限って発生します。トラブルはいつ起こっても不思議ではないので，「こんな時期に起こるとは」と考えてしまうのは，多分，心理的なものだと思います。現場代理人が，トラブルになりそうな兆候を見逃していただけで，心の中にある安定が一気に最悪の状態へ崩れ去ってしまうので，落ち込み方が大きくなってしまうだけなのです。そこで，考え方を変えてみると違ってきます。

　「自分の現場だけには，トラブルが来ないでほしい」と考えていないで，**「自分の現場だからこそ，トラブルは必ず来るぞ」**と常に思っていてください。トラブルが利益の源泉と考えれば，「トラブルがないと面白くないぞ」とも考えてください。「トラブルのない仕事はない」のだから，「トラブルを楽しもう」と考えればよいのです。つまり，心への負担を自らの楽しみに変えれば，心は平静を保つことが可能となります。心の準備さえできていれば，「トラブルはチャンス」と楽しめるのです。

　「トラブルがなくて，今日はよかった」と安心していては，トラブルに押しつぶされます。そういう後ろ向きの考え方では，楽しめません。「トラブルはチャンス，必ず来る」という気持ちを持つこと。「今日はトラブルがなくて寂しかった」と心の中で残念と叫びましょう。

　トラブルが来てほしいと思っている人のところには，トラブルは寄ってきません。なぜかというと，現場を見る目がトラブルの種を探しているか

らです。事故の発生は現場の利益を圧迫しますので，事故を起こさせないという目で巡視をしていれば，事故の芽をしっかりと摘み取っていることになります。しかし，自分はトラブルが苦手で嫌だなと思っている人のところへは，間違いなくトラブルが近寄ってきます。なぜかというと，トラブルの芽を摘もうとしていないからです。

トラブルの芽というのは，あらゆるところに潜んでいて，いろいろな兆候があります。その兆候が重なり合ってトラブルになるわけで，一気にトラブルになるということはありません。どうやってその兆候を見つけるかですが，この後にそのテクニックをお話しします。

要は，小さなトラブルが大きなトラブルになるまでの間に芽を摘めばよいのです。「俺は，いろいろなことを考えているから大丈夫だ。トラブルよ，来い」という精神的なタフさや余裕が大切です。でも，そんなタフガイの現場にもトラブルは発生しますので，心の準備をしておきましょう。

> トラブルだ。いやだな！！！逃げだしたい
>
> まてよ。逃げても解決しない。トラブルにぶつかってみよう
>
> 原因を追及したら、解決手順が分かった。トラブルはおもしろいな!!!
>
> トラブルはチャンスだ！

現場代理人

冒頭にお話しした，主任の時は優秀だったけれど，現場代理人になったらグラグラになってしまったという人は，この辺りのスキル，心構えを身

に付けることが肝心と考えます。グラグラになってしまった原因は，打たれ弱かったということ，トラブルが来るのは当たり前だと思っていなかったこと，自分にだけトラブルが発生していると逃げてしまったことです。自身の心を後ろ向きのスパイラルに追い込んでしまうのです。メンタル面の強化は，自己啓発によって知識を獲得していくか，素晴らしい上司からアドバイスを受けるか以外に方法はありません。

また，現場代理人向けにメンタルを強化する内容の本は今までに存在していません。その意味では，本書によって現場代理人に焦点を合わせ，先達の教えと経験をお伝えできることは幸いと考えています。

- **トラブルは上司を巻き込んで会社の組織力を利用する**

「トラブルから逃げるな」，「トラブルは自ら解決しろ」とお話ししていますが，何でもかんでも一人でやらなければいけないとは思わないでください。**トラブルが発生した時は，すぐに上司に「報連相」してください。**

また，会社の技術部門の応援が必要な場合もありますので，会社組織も巻き込みましょう。決して，一人ではないと考え，周囲の力を最大限利用しましょう。

どの会社にもいると思いますが，管理職になって本社に自分の机ができると，かたくなにその席にしがみついている上司がいます。朝から固まったようにパソコンの前に座り硬直しています。「仕事をやっているよ」という姿勢はよいのですが，手が動いていない。手が動いていないだけでなく，プリントアウトしない，印刷しても路線検索だけという人に限って，現場を見に行かないのです。建設会社の管理職は，利益を生み出してくれる現場に行くことこそが職務であるはずなのに，現場に行かない。ましてやトラブルが発生したなんてことを聞いたら，電話で怒りまくり，全てを現場代理人の責任と決めつけ，「だから，あの時言っただろう」と大きな声で，自分を正当化します。もちろん，この本を読んでくださっている人

は，そういう考え方の管理職にはならないと思います。

どんなタイプの上司でも引きずり出してください。その上司が動いてくれなければ，その上の上司に「報連相」しましょう。管理職の給料は，現場が賄（まかな）っているのです。所属部署（技術部門の給料も含む）の経費はもちろん，役員・経理・人事の給料やその業務を遂行するための経費も，現場代理人が生み出しているのです。現場代理人は，それらの経費を会社の全体施工金額を分母とし，請負工事金額を分子とした比率で支払って工事をしているのです。したがって，現場の利益は，必要な経費を払って残ったお金が本当の利益となります。現場代理人は，会社を運営するための経費を払っているのですから，上司を上手に使わないともったいないことになります。

現場代理人の上司は現場代理人をサポートするスタッフなのですから，一人で抱え込まないで会社組織を大いに利用しましょう。しかし，姿勢や言葉使いは，丁重にしてください。自分をサポートしてくれているのですから，現場で働いていただいている人々と同じ感謝の気持ちを忘れないようにしてください。

• トラブルによって自分が動揺すると部下に伝播する

トラブルで変化するのは，自分自身の心です。現場代理人は，いろいろなことが心配になり，細かい指示を出し始めます。それが1～2週間続くと，部下は些細（ささい）なことでもお伺いを立てるようになります。その現場代理人はトラブルが嫌だと思っていますから，心配であれば自分で現場を見に行けばよいのですが，部下にあれこれと聞いて，こうしようと決めてもうまくいかないことになります。部下は細かく言われるものですから，「これをやっていいのか？」，「これはやってはいけないのか？」と現場代理人に判断をどんどん求めてきます。部下に仕事を分担し任せているものの，トラブルになると部下に対して確認作業が増えてきます。部下もトラブル

だからと考えてくれていますが，一度ミスが出ると強く叱ってしまうようになります。部下もこんな時にミスをするなんてと反省します。ミスが出たということで，現場代理人はさらに細かい指示を出すようになり，心配なのでその確認作業も頻繁にするようになります。

　この辺りで，仕事はチームでしているのだと気持ちを修正しないと，現場代理人自身の心の負担がどんどん大きくなってしまいます。自分の動揺が部下を巻き込んで，部下をも動揺させているのです。すると，ますます部下は小さなことでも現場代理人に確認を迫ってくるようになります。部下は不安になり簡単な決断でさえしなくなっていくのです。

　現場代理人が考えていることと違うことをしたら利益が出なくなるし，間違ったら発注者への報告には困るだろうと思って聞いているにもかかわらず，現場代理人は逆の解釈をしてしまうのです。「このくらい自分で判断しなさい」という言葉が出る頃には，現場代理人の心の状態は末期症状となっています。自分が動揺しているから指示も細かくなっているし，確認作業が頻繁になっていることに気付かないのです。

　さらに，上司に「こんなことも分からない能力のない部下とは思わなかった」と話すようになります。現場代理人が自らそうさせていることを分からないのです。トラブルで部下の失敗を報告するようになってきた時には，上司はその現場代理人の精神が危機的状況になっていると判断しなくてはいけません。そのまま任せておくと，チームの中で人間関係に疑問を持つような人が出てきて，会社を辞めたいとかいう話になって現場が崩壊します。

　その時には，上司は現場に行き，現場代理人をサポートして，一緒に対処するようにしてください。部下を叱るような言葉が出る現場代理人は，部下を育成しようと考えていないどころか，チームとして仕事をしようと考えていない一匹狼です。こんな現場代理人に対して，部下の間ではあの人の下で働きたくないと噂が広がっていくことになります。いずれにして

もよい結果にはなりません。現場代理人の動揺によって，部下は些細なことでも決断を迫り，かえって自らの心の負担が大きくなるのだと考え，自分自身の動揺を部下に伝播させないように注意しましょう。

こうならないように，現場代理人として多くの経験を積んでからも，定期的にリーダーシップ力や人を活かすスキルを継続的に勉強していく必要があるのです。詳しくは後ほど触れますが，座右の銘や愛読書を持ち，どんな時でも自分を振り返れるアイテムを持つことをお勧めします。

• トラブルは自分を成長させてくれる

「トラブルはチャンス」，「一人で抱え込まず組織を利用する」，「トラブルから逃げるな」とお話ししてきましたが，トラブルほど自らを成長させてくれる機会はありません。前向きに取り組めば，技術的なことを勉強することができますし，部下や上司との関係を見直すきっかけとなります。

何よりも発注者からの信頼を獲得することができます。こんなチャンスは，トラブル以外にありません。「自ら積極的にトラブルを解決する」ことが，心が折れないパワフルな成長の証として，メンタル面を強化してくれるのです。**「トラブルは自分を成長させてくれるチャンスである」**と考えて，トラブルの解決を先送りせず，初期段階で解決することが，トラブルを大きくさせないスキルと考えてください。

現場代理人はあらゆることに気を使う必要があるので大変だと思わず，いわゆる血液型でいうとO型タイプ，楽観主義者とでもいいますか「大丈夫だよ，前向きに考え，適当にやろう」という気持ちを持てばうまくいきますので，考え過ぎないでください。

メンタルスキルをアップさせるコツは，「前向きに明るく」ということなのです。

現場代理人になって初めてのトラブルの時は大変だと思いますが，2回目，3回目となれば慣れてきますので，誰でも対処できるようになります。

だから，最初のトラブルでつまずかないように，メンタルスキルを頭に入れておくことが，「心が折れない」現場代理人のスキルと考えてください。

• 現場代理人という役からただの人に戻る切り替えスイッチのすすめ

「自分は，寡黙(かもく)で，冗談を言わず，協調性がない孤高の人だ」と格好をつけているような現場代理人はいないでしょうか？

実は，「寡黙＝無口」，「冗談を言わず＝人と話すのが苦手」，「協調性がない＝コミュニケーションの取り方が分からない」ということです。発注の担当者とうまく話ができないことを隠すために，言葉をすりかえているだけなのです。

現場代理人には，現場代理人にふさわしいキャラクターがあります。それは，いつも前向きで，声が大きく，冗談が言えて，どんな人にも物怖じせずに話ができるというキャラクターです。会社が望んでいる現場代理人とは，社長の代わりであり，本人の本来の性格がどうであろうと現場代理人として利益を上げてくれる人なのです。どんな企業でも利益なくして存在することはできません。建設会社も同じです。利益を上げることに必死にならない人は，現場代理人になる資格はありません。

では，利益を上げる現場代理人になるために，自分の性格を変える必要があるでしょうか。実は変える必要はありません。「いつも前向きで，声が大きく，冗談が言えて，どんな人にも物怖じせずに話ができるというキャラクター」を持った現場代理人という役を演じればよいのです。「現場代理人を演じる俳優になる」ことなのです。現場代理人は，例えば会社のユニホームを着た瞬間から，現場代理人という役をこなす俳優になるのだ，と考えてください。しかし，会社のユニホームを脱いだ時には，本来の自分に戻ればよいのです。

I. 現場代理人に必要な7のスキル

> 「いつも前向き」
> 「声が大きい」
> 「冗談を言う」
> 「物怖じしない」
> オレは、
> こんなキャラじゃないな〜
>
> ↓
>
> 現場代理人として、必要なキャラクターを演じてみるという発想になってやる。

（現場代理人：「現場代理人という演技をしてみよう!!」）

　どんなキャラクターの俳優を演じればよいのかは，身近な人を参考にするとよいでしょう。上司の中に「この人は素晴らしい」と思える人がいれば，その人を理想の現場代理人像と考えてください。会社の中には武勇伝を持っているスーパーマンがいると思います。そのスーパーマンに理想像を見出すのもよいでしょう。

　しかし，一番まねしやすい人は，自分自身が尊敬する上司だと思います。会社のユニホームを着た時から脱ぐ時まで，尊敬する上司をまねするのです。尊敬する上司の一挙手一投足をまねすればよいので，簡単にできそうだ，と気楽に考えてください。

　現場代理人の役をこなす俳優になるには，何らかの切り替えスイッチが必要になります。それは，先にお話しした「会社のユニホームを着た時」や，「通勤途中のある場所」などが分かりやすいでしょう。例えば，現場に向かう途中で，駅の改札を出て駅前の交番の前を通り過ぎたら「俳優になるぞ」と気合いを入れ，「交番の前を通過する時」をスイッチとしてもよいでしょう。

俳優から素の自分に戻る時のスイッチも必ず持ってください。帰りがけ部下と一杯ということもあるでしょうから，家に帰る途中で自宅の手前50ｍほどの曲がり角を合図にただの人に帰るというのもよいでしょう。このように自身の心の切り替えスイッチを持つことで，俳優と素の自分を明確に区別できます。

　なぜ切り替えスイッチが必要かというと，家庭に仕事を持ち込んではいけないからです。家庭にいる時に仕事のことを考えていると，経験上，必ず夫婦げんかになります。そのとばっちりを受けるのは罪のない子供たちです。考えてみてください，「現場でトラブル」，「家庭でもトラブル」では，心の安定を求めようと思っても心が休む場所がありません。

　そこで，一つ提案です。奥さんを褒めてください。綺麗な奥さんなら「ほんとに綺麗だね」，かわいい奥さんなら「いつ見ても可愛いね」，料理が上手な奥さんなら「いつも美味しいよ」，掃除が好きで綺麗好きな奥さんなら「家に帰ってくると落ち着くよ」など，何でも構いません。それでも夫婦げんかは起こりますから，そんな時は奥さんが悪いと思っていても先に謝りましょう。アメリカ映画のように毎日「Ｉ　Ｌｏｖｅ　Ｙｏｕ」なんて恥ずかしくて言えないので，奥さんに合う褒め言葉を探してください。どんな時でも，白々しくても，褒めているととてもよいことがあるのです。

　それは，両親の仲がいいと，子供たちがよい子に育つのです。両親の仲のよさは，子供たちが「自分は愛されている」と理屈抜きで感じることができる唯一の教育なのです。だから，安心して落ち着いた子供に育つのです。夫婦げんかをして子供たちを不安にさせないように，奥さんの掌に自分から乗って，奥さんより先に謝ってください。謝ったら，褒めることを繰り返してください。意外にも奥さんを褒めることが，自らの心の安定を保つスキルであると気付くことになります。

　繰り返しますと，現場を離れた時は，現場代理人から元の自分に戻るスイッチを見つけて実践してください。いくらトラブルが大好きだといって

も，現場を離れた時は，折れない心を持ち続けるために，必ず元の自分に戻ってください。

❺ 現場でリーダーシップをとるスキル

現場でリーダーシップをとるスキルですが，「部下を褒めること」，「部下の話を聞くこと」ができれば，80％はリーダーとして優秀と考えてよいと思っています。

部下を褒めると現場が明るくなりますが，逆に部下を怒っていると現場は暗くなります。ましてや，部下をけなしていると，いざという時に動いてくれません。人は，誰でも褒められると動いてしまうものなのです。また，褒めると笑顔になりますし，笑顔が人間関係をよくするきっかけになります。

例えば，家に帰って奥さんの顔を一瞬見ただけで「怒っている」か「怒っていないのか」が分かります。怒っていると，原因は分かりませんが，戦闘モードに突入していきます。家に帰ってすぐに夫婦げんかをしたくないのですが，奥さんの様子によって一瞬で自分の心が変わってしまうのです。

> リーダーシップって部下の話を聞くことだなんて思っていなかった。
> ↓
> 部下に関心を持つと挨拶をしたくなるな。現場で働いている人全員にも挨拶をしよう

> 笑顔はみんなを笑顔にするな！！

現場代理人

夫婦でもそうですから，現場代理人と部下の関係では，現場代理人が不機嫌な顔をしていれば部下はすぐに問題が起こったと考えます。部下は，自分に何かミスがあったのか，と平静な気持ちではいられません。現場では，現場代理人が一番偉いのですから，謙虚になる必要があります。偉くなれば偉くなるほど頭(こうべ)を垂れて，褒めながら仕事をお願いしてください。謙虚でいるということは，難しい顔ではなく，笑顔でいることです。リーダーシップに必要な残りの20%は，笑顔でいることだと考えてください。

● 部下は現場代理人を値踏みする

　「この現場の安全レベルはこの程度でよさそうだ」と，初めて現場に来た時に自然と分かってしまいます。同じように，部下は上司を見た時に一瞬でこの人はこういう人間だと値踏みします。自分自身を考えれば，始めて会う上司を見た時に，「あの上司は○○な人だな」と心の中で自分なりの評価をしています。自分のことは見えないけれど，自分以外の他人の「よくないところ」はよく見えるのです。新入社員の頃，上司の人となりをイメージした時のことを思い出してください。新入社員の間での会話の中に，あの人は意地が悪そうだとか，自分勝手だとか，部下のことは考えていないとか，あっという間に評価していたはずです。

　それが，現場代理人という地位と力を与えられると，「自分は偉いぞ」と思うようになり，部下の評価など気にすることがなくなってしまうのは自然なのかもしれません。多分，誰でも同じ道を通過するのです。

　しかし，現場代理人は部下に値踏みされていると自覚しましょう。部下から，「決断力がない」，「いい加減」，「上にはペコペコ」，「下には威張る」などと言われないように，現場代理人として姿勢を正しておくことが必要となります。自分自身が上司を値踏みしているのですから，部下は同じように現場代理人を値踏みしていると考えてください。

●「初心に帰る」とはリーダーとして必要なこと

　上司のよくないところを見破るのは簡単ですが，上司のよいところを見つけるためには，他人への関心と向上心が必要になります。しかし，人は時間が経つとその心をいつか忘れてしまうのです。一旦忘れると，自分自身が大きな壁にぶつかるまで思い出しません。思い出さない期間が長ければ長いほど，その時間がもったいないことになります。

　人間は多くの情報の中で生きているので，津波のように押し寄せる情報によって忘れてしまうことがたくさんあるのです。「リーダーシップはこうあるべきだ」と自身の考えさえも忘れてしまうことがあるのです。忘れてしまっている時は，必ずといってよいくらいトラブルが襲ってきます。トラブルの時の心の持ち方は先に話しましたが，「トラブルは，チャンスだ」と思い続けるためにも，定期的に「初心に帰る」という手段が必要になります。部下が上司を見た時に，いつもブレない頼もしい上司だと思わせることは，現場でのリーダーシップをとるために必要なスキルとなります。

　「初心に帰る」ための手段を身に付ければ，自分が生きていく方向が明確になります。そのためには，自分の座右の銘や，繰り返し読むことができる愛読書が必要なのです。**座右の銘や愛読書は，自分の生き方を正すために必要なものだと考えてください。**

　座右の銘は1週間ごとに振り返り，反省時間をとるようにしましょう。生活のリズムとして1週間はよいサイクルとなっています。また，1～2ヵ月ごとに繰り返して確認ができる愛読書を持つことをお勧めします。愛読書を読む時間は，ほとんどかかりません。

　また，斜め読みでもよいのです。なぜなら，繰り返し読むことで本の内容を記憶しているからです。愛読書は，時間をかけずに自身の生き方を修正してくれるバイブルになります。そばに置いて，定期的に手にとって見るという行動が，忙しさの中でズレてしまいがちな自分が目指す生き方に再修正してくれ，さらに愛読書の内容が深く記憶に定着するので，話のネ

タにもなるのです。

- **無駄話は無駄ではない**

　部下や現場で働いている人との会話は，アイデアの宝庫です。いろいろな人との何気ない話の中に，現場の改善策や現場代理人が見逃していたことを気付かせてくれる驚きの情報があるのです。

　そのためには，現場代理人は堅物ではなく，いつも笑顔であいさつするように心がけましょう。あいさつは，

　　「**あ**：相手より，**い**：いつも，**さ**：先に，**つ**：伝える言葉」

です。現場代理人からあいさつをしていると，現場でのコミュニケーションが自然とよくなり，働いている人たちが声をかけ合うようになります。安全面でのメリットが大きくなり，他の会社の作業でも危険を感じるとお互いに注意し合うようになります。そこで，現場代理人が気軽に話をすれば，現場に一体感が生まれます。現場代理人の無駄話は，決して無駄でないことが実感できます。現場代理人は，おしゃべりの方が得をします。自分の現場なのですから，よい雰囲気を醸し出しながら運営することをお勧めします。その話題づくりには，この後にある**「(6) 一歩上を目指すために相手を引き込む会話スキル」**(P49) を参照してください。

- **「できません」は意見を引き出すチャンス**

　現場代理人は，「もっとよい施工方法がないだろうか？」，「簡単に，安全に，利益が上がるような作業手順はないだろうか？」と常に疑問を持ちながら現場を歩いてください。そして，「この施工は手順を変更した方がよさそうだ」と考えた時，担当する部下に意見を聞いてみてください。意外と良い答えが返ってくることがあったり，自分が考えているより素晴ら

しい意見だったりします。こんな時は，部下を徹底的に褒めてください。褒めることは部下と自分の壁を取り払うためのアイテムです。

　また，自分が考えた施工方法などの指示を部下に出した時，「〜はできません」と答えが返ってきたらチャンスです。すぐに現場代理人の意見を否定するということは，部下なりの意見がある証拠です。そこで，現場代理人は，優しく「なぜ」，「どうして」と問い返しましょう。3回くらい問答しても部下から「〜はできません」という答えが返ってきたら，この殺し文句を言ってみてください。それは，

　　「これをやるためにはどうすればいい？」

です。その時返ってきた意見は，大いに尊重しましょう。もし自分の考えていた施工計画と同じであったり，それ以上の意見だったりしたら，「素晴らしい」を連発しましょう。部下との距離はこれで一気に縮まります。

　また，自分と違った意見であっても，大きな違いがなければ，部下の意見を尊重しましょう。人は頭ごなしに命令されると反発しますが，自分から提案したことが認められると「よしやるぞ」という気持ちになれるのです。多少の犠牲があっても，自分と意見が違っても，気持ちよくやってもらうことの方が，現場としては大きなメリットがあります。「部下には腹を立てない」で，かわいい息子を見守るように優しく会話するようにしてください。加えて，自分より良い意見が返ってきた時は，「素晴らしい」の他に，「〜を一緒にやろうよ」と同じ視線に立つことが大切です。そして「やっぱり君はできるね」と付け加えようものなら，部下からの信頼は確実にアップします。

この手は協力業者の世話役の人たちにも通じるテクニックです。「できない」と即座に言われたら，この世話役は違う意見を持っているぞと思ってください。現場代理人は，それを聞き出さないと損をすることになります。代案を持っていなければ「それはできません」と返事をすることができないからです。瞬間湯沸かし器のように腹を立てたりすると，よい意見は永遠に聞くことができません。しかし，その意見が全くの方向違いだったり，お金がかかりそうだったりしたら，その意見は却下すればよいことになります。

　お金はかからないけれど，少し遠回りだな，と感じたら，自分の意見を上乗せして導いていけば，よりよいものを創造することが可能になります。また，「それぐらいはいいか」と思ったら，「素晴らしい！」，「その（施工）方法でやろうよ」と言えば，世話役さんは自分から提案したことなので進んでやってくれますから，工程の進捗も楽しみになります。現場のリーダーシップは，働いていただいている人たちをその気にさせることなのです。このスキルを使って，思うように現場を運営していきましょう。

- **若い部下には早めに休日のローテーションを決める**

　部下への慰労を忘れずに「飲みにケーション」を開催したり，現場で働いている人全員でのバーベキューを安全週間，労働衛生週間などの区切りに計画したりするなど，働いている人へのねぎらいを心がけてください。

　特に，若い部下にとって，学生時代の友人や同期の仲間との時間の共有はとても重要な時間となっています。そうした時間を持つためには，所属現場での休日が少なくとも3ヵ月先まで決まっていることが重要になります。もちろん，発生するトラブルによって休日の計画が大きく変更になることもしばしばです。しかし，若い部下の楽しみを簡単に奪いとってしまうような現場代理人は失格です。業務時間を区切り，だらだら残業しないことや，若い部下のためにも休日のローテーションを早めに決めておくこともリーダーシップを発揮するスキルとなることを理解しておいてください。

　こうした側面からも，現場代理人は，トラブルや問題点を予測して大問題にならないように現場を運営する役割があるのです。トラブルを予測して，そのトラブルをチャンスに変えることを「トラブルはチャンスだ」と言っていますが，「このトラブルの発生は突発的で想定外だった」などと言い訳をしないようにしましょう。トラブルも想定の範囲と考えている現場代理人にしかトラブルをチャンスに変えられないのですから。

❻ 一歩上を目指すために相手を引き込む会話スキル

　相手に興味を持ってもらう会話ができるかどうかは，スキルというより努力の問題です。つまり，「話のネタを仕入れるための手法を持っているか？」，「話のネタを仕入れる時間を費やしているか？」という行動の問題なのです。テレビ番組で政治家がいろいろな経済数値や指標をすらすら話しているシーンを見ると，この人はすごいなと思ってしまうでしょう。ですが，テレビ番組で話す政治家は，今話題となっていることに対して，多

くの会議に出席していつも同じ話を聞いたり話したりしているので，旬なこととして記憶しているだけなのです。

多分，3ヵ月後に，世間で他の話題が持ちきりの時にその話を再現してもらおうとしたら，ほとんど頭から抜けて，正確な数値を言うことはできないでしょう。数値や指標を正確に発言したいと考える政治家は，例えば手帳に数値を記録しておき，定期的に手帳を見て記憶に留めるような努力をしているのです。

資格試験を受験した時，細かい数値をたくさん記憶すると思いますが，何ヵ月か後に合格通知をもらった時には，記憶したほとんどの数値がうろ覚えとなっていることに気が付きます。しかし，合格したうれしさ一杯で，「俺にはその資格をもらう価値がない」なんて誰も考えません。人は誰も同じで，覚えたことはどんどん忘れていくのです。「自分は一度記憶した数値は絶対に忘れないぞ！」と力んでも，忘れていく脳の力には勝てません。

でも，心配しないでください。合格した資格試験の勉強によって，「この数値はここを見れば分かる」，「このノートを見れば思い出せる」と，脳科学でいう神経ネットワークが構築されているからです。記憶する努力によって神経ネットワークが構築されているので，勉強して獲得した知識がどこに存在しているか，その場所を忘れることはありません。

資格試験の申し込みから受験日までの約4〜5ヵ月の間，少なくとも3回以上テキストを読み下したと思います。その努力が，「その数値はここにある」という場所を受験勉強という行動を通して記憶しているのです。繰り返し行った行動は，体と脳を一体化させて，記憶を脳に定着させるのです。数値は忘れても行動した記憶はなくなりませんので，資格試験に合格した人はやはり偉いのです。

その数値が仕事上で必要であれば，仕事のたびにその数値を見て人に話したり，文章にしたりするため，時間をかけながら数値が脳に記憶として

定着していきます。そうして自然とその筋のプロフェッショナルになっていくのです。ただし，継続して知識を獲得する行動を止めてしまうと，ただの人に変わってしまうので日々精進が必要です。

- **熱く自分を語れる自分史と２つのスピーチをつくる**

　自分自身を最高にアピールして熱く語ることができるエピソードを入れたスピーチをつくりましょう。自分史という内容でもよいと思います。その他に，「自虐ネタ」，「ドジで失敗したネタ」，「恐妻家ネタ」，「家族ネタ」などから２つのスピーチネタを作ってください。スピーチの数が３つほどあれば，ＴＰＯに合わせて話すことができます。

　現場代理人になると，急に指名されて話さなくてはならない時が巡ってきます。そんな時に，５分程度のスピーチを整然と語ることができれば，自分を知ってもらえるチャンスになります。「○○さんは，そんな経験をされていたのですか」と関心を示してくれる人が出てきます。「あの人のスピーチはうまいな」と思わせる人は，慣れもありますが，話のネタを用意している人なのです。自分史と２つのスピーチも歳と共に変化していくので，定期的にネタの補強や入れ替えをして，継続してネタを準備する努力が必要です。

　これで，「私は寡黙で，あまりしゃべらない性格です」なんて言えなくなりますね。これは現場代理人という役を演じるためのアイテムです。

急に、話をしろと言われてもいつも、何も言えずに困っちゃうな……

↓

そうか、自分史やエピソード話をつくっておけば、いつでも話ができるじゃないか。簡単なことなのに気付かなかった。

人前で話をするのは、もう恐くないぞ！

現場代理人

- **面白く語れる話題を持つ**

　自分の趣味やよく観戦するスポーツなどがない人でも，「靴にこだわっている」，「ブランド品が好きだ」，「日本酒に凝っている」など1つあれば，オタク的な話題で人を引きつけられます。

　30歳で現場代理人になったとして，月に4日間好きなことをした場合，働く期間が35年としたら1,680日しかありません。35年の間に嗜好が変われば，「1つのこだわり」にかけられる日数はもっと少なくなります。このように，自分で経験できることは非常に少ないし，考えていること全てを経験するのは不可能です。そこで，他の人が体験した話や本が，知識を獲得する手段となるのです。

　インターネットのキーワード検索をする時間があれば，話のネタを大量に収集することができます。したがって，「好きな趣味や観戦するスポーツがないから，しゃべることができない」という人は，現場代理人という役になりきる努力をしていないのです。また，この努力が，（5）でお話しした**「無駄話は無駄ではない」**（P46）のような，リーダーシップをと

るスキルとも連動するのです。

• 会話の手順を知れば初めて会った人でも話しができる

　会話には手順があって,「木戸に立てかけし衣食住」などが有名ですが,普通はもっと簡単です。略式手順は,天気→季節→健康の三段活用です。これだけで十分に話が続きます。例えば,こんな感じです。

　「初めてお目にかかります。○○と申します。今日は暑いですね。今年の夏は梅雨がなくて水不足とか困ったものですね。暑いものですから熱中症が心配になりますね。今,デトックスという健康法に凝っています。それは,水をたくさん飲むという健康法です。1日3リットルくらい水を飲みますが,朝起きたら水を1リットル飲むようにしました。すると,少し汚い話になりますが,30分くらいすると自然とお通じがあります。それも力まずにストンと。今まで,痔に苦しんでいたのですが,この1年くらい調子がよくなりました」

　ここまで40秒ですが,相手は必ず何か話を返してくれます。質問であれば話を続ければよいし,相手が話しだしてくれたら,そこから聞き役に徹します。会話の極意は,相手にしゃべらせることなのです。会話が始まったら,相手の目をしっかり見て,相手の話にひたすら大きく相槌を打って聞けばいいのです。

　相手から話題が出てこない場合は,「恐妻家を自負して妻の悪口」,「娘に臭いと嫌われている話」,「日常生活の失敗談」などの話題を提供すれば,必ずどれかに引っかかります。家庭でのエピソードも面白く脚色して話せば,立派なネタとなります。ネタはどこにでもあるので,「おや,これはネタになるな」と仕込む気持ちを継続すれば,3ヵ月もすると会話の達人になっています。

- **愛読書が話のネタになる**

　話のネタを仕込むためにビジネス本を購入して，心に残ったことを実践してみようと考えます。しかし，これが意外と難しいのです。どんな立派な本を読んでも，これはよいことだから毎日やってみようと思い立ちますが，毎日の業務に追われると，1週間で忙しさの中で記憶の隅に追いやられます。2週間目に「そうだった！」と思い出しても，自分にはなかなか時間がないと諦めます。本の中で心に残って実践しようとしたことは，2週間ほどすると記憶から消えていくのです。

　3ヵ月ほど経つと，また我に返って何かをしなくてはと，電車の中吊り広告を見てふと目を引く表題に目が留まって，その本を買い込んで読むことになります。自分自身の思考回路と興味は大きく変わらないので，同じような内容の本となります。また，その本に勇気をもらって，やるぞと心に決めますが，2週間で効力を失います。

　これでは，本代がもったいないと思います。出版社にとってはウェルカムなことなので，大きな声で「もったいない」なんて言えませんが，やはりこれはと思う本は繰り返し読むことや大切な個所を抜粋するなどして，情報としてデータベース化しておくと後で役に立つようになります。情報はあるだけでは価値がありませんが，自分なりに記録したり加工したりすると話のネタになるのです。

　しかし，情報をいつも仕入れる努力をしていくのには多くの時間が必要となります。毎日の忙しさの中でも時間をかけずに話のネタの源泉を持つ方法は身近にあるのです。それが，定期的に読むことができる愛読書を持つことなのです。自分が気に入った本であれば，何回も繰り返し読むことができます。その内容は全て把握しているので，目次や好きなフレーズに付箋を付けておけば，忘れかけた本のエキスを思い出させてくれます。繰り返し思い出すことによって，自分なりに経験を織り交ぜながら話のネタとして会話に反映できるようになります。さらに，愛読書を定期的に確認

することで，理想の自分像とのズレを修正してくれる魔法の力となるのです。愛読書を持つことは，「初心に帰る」ための手法だと心に刻んでください。自分が描く理想の現場代理人になるまでの期間だけでも，愛読書をすぐに取り出せる場所に置いて，手に取り目を通すことが重要と考えてください。

- **努力をしなければ，会話スキルは向上しない**

　現場代理人にとって，会話スキルは現場を運営する上で全てに関わるコアスキルとなります。これまでもお話ししている通り，会話スキルを身に付けるためには，話のネタを仕入れる努力をしなければなりません。先に触れたインターネット検索以外でもネタ探しは可能です。その一つが，人を観察してみることです。

　電車の中で，まれに優しげな目をしていろいろな人を観察している人がいます。電車の中では，ほとんどの人が携帯電話を手に下を向いているので目立ちます。携帯電話を見ていた人が視線を感じて顔を上げようとしたら，自然と視線を移動させて，あなたをじっと見ているのではないというようにうまく振る舞います。電車で観察すると，9割の人がムスッとして少し怒ったような顔をしています。中にはうれしそうな顔をしている人もいますが，ごくまれです。いかにストレスの中で仕事をしているかが分かります。

　このように朝の電車の中で観察することでも，会話のネタになります。電車内の雑誌の中吊り広告や車掌さんのアナウンスなど，見るもの聞くもの全てが会話のネタとなります。通勤電車はただの移動だと割り切らずに，どんな時でも話のネタづくりを心がけることができれば，会話スキルは向上します。少なくとも1週間続けば1ヵ月は継続させることができます。3ヵ月続けば，心の中に会話のネタを探そうという癖が自然と身に付きます。その癖が身に付けば，毎日ネタを仕入れなくても，今までに仕入れた

ネタがたくさんありますので,「ネタが古くなったのでそろそろ新ネタを」と思いついた時やリラックスした時などに会話のネタを追加すればよいようになります。ここまでくれば,会話スキルは上達しており,現場代理人としての演技にも磨きがかかってきていますので,自分を褒めてください。このように少しの努力で,会話スキルを向上させることができます。

　そして,会話スキルの究極のアイテムは笑顔です。現場代理人という役づくりのために,鏡に向かって,笑顔を作る練習をしてください。練習すると必ず効果が出ます。自身が話しながら,今の顔は好感が持てる自分の最高の顔だと思って話していると,自然と会話の相手を引きつけています。鏡で見ている自分の笑顔なので,自分に自信を持つことができるようになります。時々で結構ですので,鏡に向かって笑顔づくりを実践しください。この顔が,相手に好意的に見せる武器になるのだと思って会話してください。

❼ 発注者の信頼を獲得するためのスキル

　発注者と良好なコミュニケーションを構築して信頼を獲得することは,現場を運営していく現場代理人にとって重要なスキルとなります。信頼を獲得するための基本的な考え方は,相手の立場を考えることです。

　では,相手の立場を考えるとはどういうことでしょうか？　発注者は何が怖いのかを考えて,怖いものを取り除くように工事を遂行すればよいことになります。水戸黄門の話では,悪代官を懲らしめるのは幕府の重鎮である権力者という設定ですが,今の時代では官をチェックするのは会計検査院となっています。悪代官ではないにしても官が怖いのは,水戸黄門である会計検査官ということになります。官が恐れる会計検査なら,会計検査に引っかからないように民が考えて工事を進めていけばよいことになります。ここが,現場代理人の腕の見せどころで,信頼を獲得するテクニックなのです。

• 打ち合わせでは必ずメモを取る

　発注の担当者との打ち合わせにおいて，**あやふやなところがないようにするために，必ずメモを取りましょう**。メモを取らない人を担当者が見たら，この現場代理人は自分の言ったことを順守して，しっかりと工事を進めてくれるのか心配になります。少なくとも，担当者にそんな心配をさせる現場代理人は，信頼を得ることはできません。

　担当者によっては，長い時間打ち合わせをする人がいます。こういう人は，話が行ったり来たりで同じ話が違う結論になったり，指示の内容が違ってきたりしがちです。そんな打ち合わせに立ち会っている現場代理人は，長いなと思いながらも，同じ話だけれど先の結論と違ってきて困ったなと思っています。

　早く切り上げようとも言えず打ち合わせは終わりますが，このような時は，最後に必ず話の内容を手短に確認するようにしてください。打ち合わせ内容は1，2，3，それぞれの指示内容はA，B，Cというように，確実に打ち合わせ内容が明確になるようにしてください。さらに，打ち合わせ簿として，翌日に文書で提出するようにしましょう。地道な行為が，自分を助けることにつながります。

• 期限のある約束は，必ずその期限を守る

　打ち合わせ内容を確認した後，期限のある提出物や検討事項がある場合には，その期限を守るようにしましょう。できれば期限ギリギリではなく，3〜4日前までに提出しましょう。提出書類は，担当者のイメージと合わない場合や見落としがある場合があるので，早めに提出してください。担当者と決めた期限は，提出書類などの手直しが完了した時の期限と考えましょう。期限ギリギリに提出して，担当者からダメ出しがあった場合は，すぐに修正して提出することは当然ですが，現場だけでは決定できないことも想定されます。相手先との連絡が取れずに期限を守れないこともあり

得ますので，早めの対応が信頼関係を構築するテクニックと考えてください。

● 発注の担当者が自分を理解してくれたと思うまで「5分詣で」をする

　受注してから工事開始までの間は，自分を売り込む最高のチャンスです。工事を受注した当初は仕事も始まっていないのだから，毎日行かなくてもいいと思いがちです。現場代理人として現場状況もよく把握していないし，何を話していいかも分からないし・・・と後ろ向きに考えていては大事なチャンスを失います。

　発注の担当者に，朝何時に来られているか聞いてみてください。朝早く来ていることが分かれば，朝駆けが一番です。早い時間，例えば8時前に出勤している人は少ないので，周りを気にせずに担当者と直接話ができるゴールデンタイムとなります。人があまり出勤していない時間帯は，担当者にしても業者と話しやすい時間ということになります。この時，5分以上の時間をかけると担当者の時間を奪ってしまうので，時間は短く回数を多くしてください。また，最後に必ず「また明日来ます」と言って帰ってください。

　発注の担当者と冗談を言えるくらいの関係になるためには，経験上会う回数が少なくとも10回以上必要となります。最初のあいさつが1回，受注後の最初の打ち合わせで2回，打ち合わせ後の要求書類を提出して3回，ここまでは普通のパターンです。その後，毎日顔を出すようにして，質問があれば一つだけ質問し，報告は必ず一つ行いましょう。

　「昨日は，事務所を決めてきました。○○にしました」，翌日に「電話番号が決まりました」，次の日には「先日，打ち合わせした書類です」，さらに次の日「特記仕様書の中で，○○とありますが，○○のように考えればよいでしょうか？」など，1日1項目のネタを探して，5分間でよいの

で担当者に自分のことをアピールしてください。

　1週間もすると担当者から「また来たの，電話で連絡してくれればいいよ」と言われますが，ここで「ハイそうします」ではダメです。それから1週間は，ネタを見つけて5分詣でをしてください。アフターファイブになると，担当者の頭の中には考えることがいろいろと出てきますので，時間をもらうのが難しいでしょう。そろそろビールを飲まなきゃと思っている時に行っても，「おまえ早く帰れよ」と思われてしまう可能性がありますからね。建設業は朝駆けに限ります。政治の世界は夜討ちもあるようですが，朝駆けが自身をアピールする最高の時間帯と考えてください。

　受注から3～4週間程度で現場が動き出しますので，朝駆けの5分詣での時間がとれないと思った時，「現場で工事用道路造成が始まりますので，今後は電話連絡が増えますが，よろしくお願いします」とあいさつして，現場に専念してください。恋愛と一緒で，毎日顔を出していた人が急に来なくなると，その人が気になってしまうというテクニックです。以下にお話しする立会検査や提出書類の内容に問題がなければ，ここまでで担当者に自分の存在を示せたと考えてよいでしょう。また，現場に余裕ができれば朝駆けをして5分詣でを繰り返し行って信頼関係を深め，良好なコミュニケーションを構築してください。

• 初めての立会検査は徹底的に準備を行って万全を期す

　第一印象が全て，と考えて，段階検査で初めてとなる立会検査は，全方位に気を使って，徹底的に整然とした状態をつくり出してください。

　最初の立会検査は，床付け検査となることが多いと思いますが，誰が見ても「よくやっているな」，「きちんとしているな」と思わせる受検体制にしましょう。

　○遣り方は，こまめにキレイに設置する。

　○遣り方に描く文字は，ミミズがのたくったような字で書かない。キレ

イでなくてもよいので丁寧な文字で明瞭に書く。
　○床付け面は，水を打ったようにしっかりと転圧しておく。
　○検測調書の数値は，全て事前に再確認をしておく。
　この他にもあると思いますが，あらゆることに気を使って，検査官を迎えてください。ここまでやれば，検査官の現場代理人に対する信用が上がります。繰り返しになりますが，切土法面や床付け面は鏡のように仕上げを行い，遣り方はこまめに整然と設置し，遣り方の記載文字をしっかりと書く。検査調書も測定値に間違いがないように，現場代理人が自ら確認しておく。誰が見ても「やりすぎ」と思えるくらいがちょうどよいと考えてください。特に，検査調書の数値の確認を怠ると，全てがマイナスの方向に向かうきっかけとなり，いい加減な印象を持たれてしまいますので注意が必要です。

● 立会検査は部下だけに任せないで先頭に立って受検する

　初めての立会検査は，部下に任せてはいけません。現場代理人が現場を自ら管理している，という印象を持ってもらうためには，先頭に立って受検する必要があります。落ち度なく受検できれば，発注者の現場代理人に対する評価は必ず上がります。検査に向かう現場代理人の姿勢は，検査官の口から必ず担当者に伝わっていきます。
　水準測量では，現場代理人がスタッフマンとなり，きびきびとした動きを見せるのもテクニックです。検査をする側から見れば，現場代理人の受検姿勢と現場の整然とした様子は心地よい印象に映り，信頼できる雰囲気を感じることでしょう。
　さらに，**現場代理人が進んで受検する姿勢・行動は，部下への教育になります。**言葉で伝えきれない立会検査の大切さを率先垂範で示すことで，部下の尊敬も獲得できることになります。立会検査を上々の首尾で終えることができたら，部下に対して「この現場では，立会検査の受検姿勢はこ

のようにしてください」と指示しておくことも忘れないでください。部下への教育は，率先垂範が基本です。

このような姿勢で2回くらい受検すると，3回目の時には検査官が「現場代理人は忙しいから毎回参加しなくてもいいよ」と言ってくれます。「あの会社は，現場代理人まで出てきて，しっかりと受検している。大したものだ」と発注の担当者やその上司の方に伝われば，目的は達成です。

- **提出する書類は，全てを理解した上で自ら正確に説明をする**

部下に作成させた提出書類を一見しただけで提出してしまう現場代理人がいますが，提出書類の手直しを誘発します。提出書類の手直しは，少なからず信頼関係の構築にマイナスとなります。手直しの指摘を担当者から受けた時に，「部下に，○○してから作成しなさいと指示したのですが，申し訳ありません」と言い訳をする羽目になります。しかし，この言い訳を担当者が聞いたら，「この現場代理人は，責任を持って仕事する気がないな」と思うはずです。「現場代理人として，最終確認をせずに持参して申し訳ありませんでした。次回からは全ての書類に責任を持って提出いたします」と自らの非を認め，前向きに対応する宣言をした方が，担当者として安心ができます。間違いは人のせいにせず，**「現場代理人が全ての責任を持つ」**という信念で現場を運営してください。

また，材料のJIS規格などの数値の範囲や基準の出典などを担当者から質問されても，即座に答えられるように頭に入れてから提出することも大切です。担当者は，多くの現場を見ていますので，他の現場で問題になった個所を必ず確認してきます。その質問に答えられなければ，現場代理人の資質に疑問を持たれてしまいます。こんなちょっとした簡単なことでも，築き上げようとしている信頼関係の土台に亀裂が入ることになります。

繰り返しますが，現場代理人は，簡単なことでも手を抜かず，間違いを

人のせいにせず，全ての責任を背負って立っていると自覚してください。現場で使用する主要材料の規格はそれほど多くないので，決して大変だと思わずに，心の余裕を持つためにも知識を頭に詰め込んでください。信頼を獲得するテクニックと考えてください。

まとめますと，提出書類は全てを理解した上で正確に説明できるように準備してから，担当者に自ら説明をする。もし，提出書類の手直しが発生した場合は，時間をかけずに大至急訂正をして再提出をすることが信頼を勝ち得ると心に刻んでください。

信頼を獲得することは，現場の運営の幅を広め，設計変更の交渉をスムーズにし，現場の利益を改善してくれる基礎的で重要なスキルと考えてください。

II 上手に現場を運営する7のスキル

　上手に現場を運営するためには，現場代理人の知識の向上が必要となります。技術的なことはもちろんですが，事故を起こさない安全管理や，スペック通りに施工するための品質管理などのスキルが求められます。また，所属する会社の受注への貢献として，発注者が評価する工事成績の向上を目指さなくてはなりません。さらに，会社存続のために，利益の確保は最大のミッションとなっています。利益確保のために発注者と交渉する場面もありますので，そのスキルの習得も必要になります。その他に，部下の育成や円滑な現場環境を創造するスキルを身に付けるために，自分磨きを実践して一歩上を目指す努力が大切となります。

　現場代理人の役割は多肢に渡っていて，これだけやればよいということはありません。全方位の事象に対してスキルの向上が求められます。しかし，習得しなければならないスキルの内容は，この章にまとめた7つのスキルに集約されてくると考えていますので，自身の中で少し足りないと思われるスキルにポイントを置いて習得していただければよいと思います。

⑧ 品質を向上させるスキル

　コンクリート構造物を例にすると，擁壁・ボックスカルバート・橋台・橋脚など一般的な構造物では，コールドジョイントがあると必ずそこにクラックが入ります。コールドジョイントがあれば，品質は低下します。また，施工上で発生する豆板（ジャンカ）などがコンクリート表面にあれば，構造物の耐久性が問題となります。

　さらに，コンクリートが硬化していく過程で，コンクリート温度の変化によって発生するひび割れがあれば，鉄筋を腐食させる原因となりますので品質に問題が残ります。ひび割れのない構造物を構築するには，施工上

のテクニックだけでは解決できない課題もあります。セメントの種類，季節，気温に左右されるので，温度応力解析によって詳細なデータからひび割れが入る確率を判定します。その場合，施工可能な予測できるパターンで，数ケースの解析を実施する必要がありますので，このような時は技術部門の応援を借りる必要があります。ここでは，少し技術的な内容も入れて考えてみましょう。

　施工上の不具合は他に譲るとして，ひび割れが入る過程は構造物を構築する技術者として理解していなければなりません。擁壁を例にとってみますと，基礎底版となるフーチングと壁となる立ち上り部に分かれ，フーチングを先に施工してから立ち上り部を構築する施工順序となります。フレッシュコンクリートは，水和反応によって強度が発現するとともに温度が上昇します。水和反応がピークを迎えると，徐々にコンクリート内部の温度が下がります。1ヵ月もすると周辺の気温と同じようになります。

　よって，次工程である立ち上り部コンクリートの打設時期は，フーチングコンクリート打設から約1ヵ月後になります。フーチングコンクリートの温度は外気温と同調していますが，立ち上り部コンクリートの内部温度も，打設直後から上昇して水和反応がピークを迎えると温度が下がります。温度が上昇している間は熱によって膨張していますが，温度が下がりだすと収縮していきます。しかし，フーチングのコンクリート温度は外気温と同じなので，温度変化による膨張や収縮は起こりません。

　この時，フーチングコンクリートが拘束体となって，立ち上り部コンクリートの下方部分は温度低下に伴う収縮ができないことになります。また，立ち上り部の下方部分は，フーチングから立ち上る鉄筋の拘束もあり縮むことができないので，引張応力が発生することになります。発生した引張応力が，硬化中のコンクリートの引張強度より大きい場合には，ひび割れが入ることになります。

　コンクリート構造物には，この初期の時点でひび割れが発生してい

とになります。コンクリート温度が高ければ高いほど温度上昇による膨張が大きくなるので，ひび割れが入る確率は高くなります。立ち上り部に発生する引張応力が最大となる個所は，フーチング打継ぎ面から約50cm上方あたりとなります。

　フーチング打継ぎ面から約50cm上方で引張応力が最大となる個所のあたりには，擁壁の背面に水圧がかからないように，水抜きパイプを一定間隔で配置します。まさに引張応力が一番大きい個所を狙って水抜きパイプを設置するのですから，そこには高い確率でひび割れが入ることになります。水抜きパイプを等間隔（2〜3m程度）に配置した結果，構造上のコンクリート断面欠損と共に引張応力が集中する個所となるために，ひび割れが入りやすい個所になってしまうのです。

　型枠を解体した際，大きなクラックを発見した時には頭を抱えることになりますが，型枠を解体してから1週間までの間でひび割れを発見する場合があります。外気温が低い冬期は，コンクリート温度がまだ高いうちに型枠を解体すると，外側と内部のコンクリート温度差によって新たなひび割れが発生することが考えられます。冬期はコンクリート温度が外気温に近づくまで型枠を長く存置すると，型枠解体時の温度ショックを和らげることができます。

　ひび割れを発見したら，必ずひび割れ幅と長さを確認しておきましょう。時間の経過に伴って，ひび割れ幅と長さが変化していることがあります。この現象は，特定はできませんが，コンクリートの乾燥収縮によるものと考えられます。

　フーチングコンクリートを打設した後は，立ち上り部の鉄筋を組み立て，型枠を設置し，コンクリートを打設する，という工程になります。先行したフーチングコンクリートは打設後1週間程度で型枠を解体します。解体した時点ではみずみずしくしっとりとした状態ですが，1時間もすると表面が乾燥して白色の乾いた表面に変化していきます。型枠を長く存置した

場合は，ガラス化した緻密でツルツルの表面になります。型枠を解体すると水分が奪われ乾燥していきますので，フーチングコンクリートは乾燥しながら収縮していくことになります。乾燥収縮はゆっくり進行していきますが，初期は水分の蒸発が大きいため収縮もかなり進むことになります。

　立ち上り部コンクリートの打設はフーチングコンクリート打設から約1ヵ月後，型枠の解体は打設から1週間程度となります。型枠を解体すると，立ち上り部はこの時点から乾燥収縮していくことになります。フーチングコンクリートは先行して乾燥収縮していますので，立ち上り部コンクリートからすれば，ほぼ動かない状態となっています。つまり，この乾燥収縮の程度の違いがひび割れを成長させる原因と考えられます。立ち上り部コンクリートの下方が収縮しようとしても，下部が拘束され縮むことができない状態となっていますので，温度応力で発生したひび割れに対して応力が集中し，乾燥収縮による引張応力が発生して，ひび割れ幅や長さが成長することになります。

　現場代理人は工事の運営の全権を握っているのですから，以上のような現象を理解し，技術者として施工上の対策を立案することができます。下記の条件をクリアする対策を立案できれば，品質のよい構造物を構築することが可能となります。

① 「コンクリートの内部温度の上昇を少なくできないか？」
② 「水抜き個所の補強ができないか？」
③ 「乾燥収縮開始の時期を同じにできないか？」
④ 「発生する引張応力を少なくできないか？」

　①は，まず温度上昇の少ないセメントを使用すればよいのです。ただし，セメントの種類の変更はスペックに縛られますので，発注者の了解を得られなければ変更できない場合もあります。また，夏期の施工であれば，朝早くからコンクリートを打設し，午前中で打設を完了する計画とする手もありますが，市街地の現場で施工時間の制約がある場合はできません。

他にも，水の代わりにシャーベット状の氷でコンクリートを練り温度を下げたり，生コン製造プラントにそういう設備がない場合は，温度の低い地下水を使用したりして温度を下げる方法もあります。また，現場に到着したコンクリート運搬車の待機場所に日避け対策をするのも有効でしょう。

　②は簡単に考えてもらい，水抜きの上下を補強すればよいことになります。ガラス繊維シートなどによって，水抜きの上下を補強する工法が簡単です。

　③を検討するに当たっては，簡単な試験施工を行いました。この試験施工の方法は，温度応力解析で乾燥収縮の検討を行った結果，解析上では悪い結果は出ていませんが，非常によいという結果も得られていません。つまり，解析上は対策を実施した効果の確認はできなかったということです。

　その試験施工ですが，民間の擁壁工事で，比較的工程に余裕のある現場で冬期に試行したものです。法面崩壊対策として施工する立ち上り部コンクリートで厚さ35cm，立ち上り部高さ4.5mの逆L擁壁工事です。実施した対策は，以下の通りとなります。

1）立ち上り壁部の型枠解体に当たっては，上昇したコンクリート温度が下がり，外気温の温度ショックを受けないように型枠を3週間存置した。

2）フーチングから50cm上に設置した水抜きパイプの上下にガラス繊維シートを敷設して，ひび割れ防止対策とした。

3）フーチングと立ち上り部の乾燥収縮時期が同じになるように，フーチング型枠は立ち上り部の型枠解体まで存置し，散水養生を実施して乾燥させないようにした。

4）立ち上り部のコンクリート打設後，NETIS登録技術の「TSN寒中コンクリート養生システム」を採用し実施した。

　以上の対策を実施した結果，ひび割れの発生はありませんでした。コン

クリート表面は緻密でガラス化した状態でした。逆L擁壁の立ち上り部は壁厚35cmで，下部拘束によって温度応力によるひび割れが発生するという解析結果を得ていましたが，1年後の経年検査でもひび割れの発生は確認されませんでした。複数の対策工を実施した結果ではありますが，フーチングと立ち上り部の乾燥収縮の開始時期を同時にしたことも一役を担っていると考えています。

④は，引張応力が卓越する個所に対策を施せば解決できます。立ち上り部の壁厚が60cm以上であれば，マスコンクリートとなりますので，フーチングの上面から50cmの個所でコンクリート打設後に温度が上昇しないような対策を行えばよいことになります。解析上では，クーリングパイプを設置して，2m/秒で外気を吹き込んで熱をとることによって，引張応力の発生を抑えることができます。ただし，構造物の中にクーリングパイプを設置した場合，クーリングパイプ内の後処理はモルタル充填でよいかという判断は，発注者の了解を得る必要があります（設置の承認をもらうのは難しいと考えられます。理論上はよいのですが，現実的ではないようです）。型枠の外側から温度を下げることができれば，躯体の中に異物を残さなくてよいので，お金をかけずに安価にできる方法を考え出してみてください。

よいアイデアが浮かんだら特許を取得することができ，会社の独自技術となりますので，NETISに登録して，受注の機会を増やしてください。特許の出願は，弁理士に頼むと30万円程度かかりますが，特許文を自分で書けば，2万円以下で特許が出願できます。30万円あれば，15件も出願できることになります。出願しておけば，審査請求をするかどうかは，世の中の動向を見ながら，必要と判断した時にお金をかけて自社技術とすればよいのです。

まとめますと，「**下部拘束がある構造物はひび割れが必ず発生する**」と記憶しておくことです。ひび割れは，見えるか見えないかで評価が分かれ

ます。重要な構造物になると，鋼材の腐食に対するひび割れ幅の限界値がコンクリート標準示方書にあります。環境条件と鋼材の種類によって違いがありますが，被り厚さに0.0035〜0.005を乗じた値をひび割れ幅の限界値としています。しかし，0.1〜0.2mm以上の目に見えるひび割れは，地方自治体でも国でも補修が必要になるので注意してください。「ひび割れは入ってはならない」というのが発注者側の考え方ですので，目視できるひび割れがないように構造物を構築することが，現場代理人の職務と考えてください。

　品質を向上させるスキルということで，技術的な内容になってしまいましたが，コンクリートは奥が深いということを理解してもらえればと考えています。コンクリートに関する資格試験に挑戦することがあれば，施工能力のスキルをアップさせることができるので，勉強するにはとてもよい分野となっています。是非，挑戦してほしいと思います。

• 妥協せずに決められたことを実行する

　品質に関しては，発注者が求めているものを理解することが必要です。コンクリートに関しては，2002年のコンクリート標準示方書改訂に伴い，コンクリートの耐久性能アップを狙い以下の点が大きく変更になっています。

　①鉄筋コンクリートの水・セメント比55％以下
　②無筋コンクリートの水・セメント比60％以下
　③スペーサーの配置個数　壁部：2ケ/㎡　底面：4ケ/㎡
　④テストハンマーの強度測定の義務化
　⑤ひび割れ発生状況の調査の義務化
　⑥構造物銘板の設置　構造物諸元，監理技術者名の明示
　⑦コンクリート打設計画書の作成の義務化

　上記を全て実践した上で，最も重要なのはコンクリート打設計画書の作

成です。時間当たり打設数量に合わせた締め固め用バイブレーター数の算定と段取り，故障の場合に備え予備のポンプ車の手当て，運搬時間帯の交通渋滞の調査に基づく運搬時間の確認など，コンクリート打設を開始したら，トラブルにならないよう予防策を計画しておくことが現場代理人の役割となります。現場代理人は，曖昧な部分をそのままにして，工事を進めてはいけません。妥協せずに決めたことを実行することが，トラブルを未然に防ぐ方法と心に刻んでおきましょう。

- **出来栄えは全てに優先する**

　コンクリート構造物の出来栄えは全てに優先します。出来栄えのよさは，品質の高さの証明となります。「（8）品質を向上させるスキル」（P63）でも触れていますが，品質に関し，出来栄えをよくする手法として具体的な方法を示しました。繰り返しになる個所がありますが，記憶の中に留められるようにまとめてあります。現場代理人にとって忘れてはならない項目ばかりです。

　①コールドジョイントにはコールドジョイントに沿ったひび割れが発生する。
　　1）コンクリート打設計画で定めた運搬計画を確実に実施する
　　2）打ち重ね時間が1時間以上になったなら，コールドジョイントになると判断して，人任せにせず自ら指揮して打設の指導をする
　②下部拘束のある構造物にはひび割れ防止が発生するので，温度応力解析を用いてひび割れが発生するかを事前に協議する。
　　1）ボックスカルバートなどは，誘発目地を設ける
　　2）セメントの種類を変更してコンクリートの温度上昇を抑え，ひび割れを制御する
　　3）プレクーリング（アイスコンクリート）されたフレッシュコンクリートを使用する

4）夏場は打設開始時間を早め，直射日光の当たる時間や運搬時間を短くしてフレッシュコンクリートの温度上昇を抑え，午前中に打設を完了する

③型枠の点検を実施する。

1）打継ぎ個所の型枠を再度締め付けて緩みのないことを確認し，型枠の目違いを防止する（打継ぎ目は下から見上げるので，緩んでいると段差が目立ってしまい出来栄えが悪い）

2）コーナー部にあるハンチのセパレータは，溶接を確実に実施する

3）コンクリート打設中の型枠の寸法をチェックする（コンクリート打設天端から 0.5 〜 1.0 m までコンクリートを投入する時が危険となる）

④出来形規格値の平均値が 50％以内で管理をする。

1）構造物に限らず出来形規格値を 50％以内とする

2）出来形規格値が 50％以内であれば，工事評定点がよくなる

チェック項目はこの他にたくさんありますが，経験を重ねていく過程でよかったこと，悪かったことを記録に残して自分用のチェックリストやデータベースを作り，出来栄えのよい製品を創造してください。

• 経験知をスキルに変換する

鉄筋の配置ピッチを正確にして，型枠の設置を確実に行っても，コンクリート打設作業で欠陥があれば全てを台なしにします。型枠を解体してみないと欠陥があるかどうかが分からないので，コンクリート打設作業は神経を使わなければなりません。

コンクリートの打設順序を考えてみましょう。構造物の中央から型枠の方向へコンクリートを打設していくと，ブリージング水は型枠側へ追い込まれることになります。ブリージング水を型枠際で回収したとしても，被り部分は水・セメント比が高く耐久性が劣るコンクリートとなってしまい

ます。被り部分は時間をかけて締め固めをしなければならないので，型枠側から中央に向かってコンクリートを打設しましょう。フーチングも同じですが，橋脚など中央に立ち上りの鉄筋がある場合には，中央の鉄筋部分を先に打設して，立ち上り鉄筋が動かないようにしてから，型枠側から中央に打設するようにしましょう。

　型枠側からコンクリートを充填することで，被り部分にバイブレーターをかける時間を確保することができますし，ブリージング水を型枠側に集めないで済みます。ブリージング水によって水・セメント比が増加すると，ひび割れを発生させる原因となります。

　現場代理人は，出来栄えのよい耐久性の高い構造物を構築するために，コンクリート打設作業に従事する人全員にバイブレーターの効果を教育してください。バイブレーター作業を行うのは現場代理人ではありませんから，自身の構造物に対する思いを伝えて実践してもらえるようにしなければなりません。自身が知り得た知識を分かりやすい言葉で説明して，コンクリート打設前に必ず毎回バイブレーターの締め固め効果を教育してください。特に被り部分の締め固めを担当する人は同じ人に固定して，打設順序，ブリージング水の処理などを毎回確認し，心を一つにして出来栄えのよい構造物を作り上げましょう。

　出来栄えをよくするには，積み上げた経験を記録してノウハウに変換していくことが大切なのです。その記録は品質を向上させるノウハウとして，部下に伝承してレベルアップを図ってください。

❾ 創意工夫を提案するスキル

　現場代理人は，常に現場の質を高めるアイデアを追求していく姿勢が大切です。隣接している他社の現場を見た時に，安全対策の設備や地域住民への貢献活動が面白いと感じたら，自身の現場でも取り入れてください。創意工夫はまねて自分のものにしてしまうことです。

　「創意工夫のネタを考えよう」と思っていてもなかなかアイデアは出てこないものです。現場代理人は，**「創意工夫のネタはないだろうか？」**という視線を持ち続けて，周りを見る癖をつけるのです。毎日の通勤電車から見える「倒すな，飛ばすな，線路が近い」という安全看板に目が留まったら，その現場で一番注意していることだということが分かります。傍から見た人は，線路際で工事しているから電車の安全走行を第一に考えていると，その現場の責任者の姿勢に好感を持つでしょう。この時，自分もよいことだなと感じたら記録してください。記憶に留めておこうと思っても，1週間後には忘れていますし，2週間後に同じ安全看板を見た時に同じよ

うに感動するかどうか分かりません。人間は，見慣れると感動しなくなるものです。だから，感動した時に記録に残すことが創意工夫のネタにつながるのです。

　工事の完成時に竣工検査を受けますが，検査官は日常の現場の姿は見ていませんので，創意工夫を実施した項目に検査官が関心を示してもらえれば，検査はよい方向に進んでくれます。仮に他の現場をまねたものであっても，その検査官が初めて見た創意工夫で，自分と同じ感動を持ってもらえたら，現場の評価は上がることになるでしょう。

　創意工夫のネタ探しは，どのようにすればよいのでしょうか。まず，他社の現場を見ることです。次に，インターネットによる検索です。キーワードは，**「安全」**，**「安全協議会」**，**「表彰」**，**「NETIS 登録技術」**などです。他で実施して評価がよいことをまねるのが一番確実な方法です。自分で考えるのはなかなか難しいですから，いろいろな検索キーワードを自分なりに見つけて，情報収集を心がけてください。

● 近隣住民の環境対策はネットの追加だけで好印象

　例えば，道路工事現場に隣接している家屋に対して，工事現場内への侵入防止対策としてフェンス式の金網で高さ1.8ｍのバリケードを設置する場合，防塵対策として上部の金網部分に網目の細かいネットを貼ると，近隣住民への配慮があるということで発注者は評価します。

　また，工事範囲全線に工事開始から完了まで設置しなければならない高さ３ｍの仮囲いが工事数量の中にあったら，防塵対策として仮囲いの上部1.5ｍに網目の細かいネットを貼ると，これもまた評価が上がります。近隣住民に対しては，できる限り迷惑のかからない創意工夫の提案が，発注者の評価を上げるポイントとなっています。

※防塵ネットの追加，設置が環境対策上有効となる

- **第三者の安全を考慮**

　車道と歩道の境界で歩道側にガードパイプなどが設置されている個所で，歩道の舗装撤去や植栽工事を行う時に，車道への舗装ガラ・小石などの転がりや資材のはみだしを防止するため，ガードパイプに仕切りや通路の確保に使うネットフェンスを取り付けるという提案は，通行する車両の安全を確保できるという理由で評価ポイントを得ることができます。第三者への配慮は，発注者にとって喜ばれるので創意工夫の提案として必ず点数を稼ぐことができます。

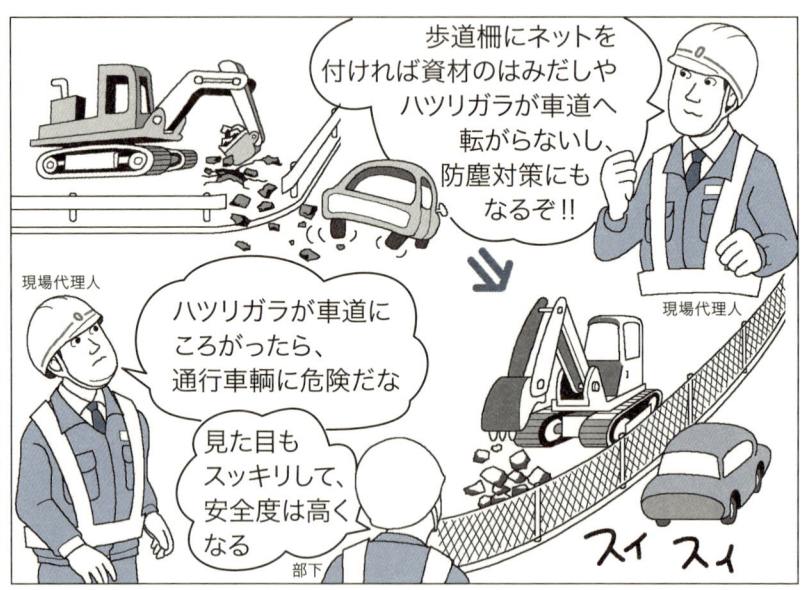

※第三者や通行車輌の安全確保で事故防止につながる

• 安全の向上はポイントになる

　夜間の交通規制時に，従来の手ライトより一回り大きく明るいものをガードマンに使用させて，車両の運転手に注意を喚起するという提案は，ガードマンの手誘導が車両の運転手に確実に伝わり，ガードマン自身の存在もアピールできるので安全性が向上します。安全を確保する提案は，創意工夫として評価が上がります。安全性の向上＝評価の向上ということになります。

※ガードマンの手誘導等が運転手に確実に伝わり，安全性が向上する

• ちょっとした気配りが受ける

　二車線道路を一車線に規制した場合，運転手から見えるように，連続して設置したラバーコーンに「徐行」，「速度落とせ」の看板を飛ばされないように取り付け，運転手の注意を喚起するという提案は，規制の車線誘導が運転手に確実に伝わります。ラバーコーンだけでは表現できないことを，ちょっとした気配りで運転手に伝えることができることから，創意工夫として評価の対象になります。

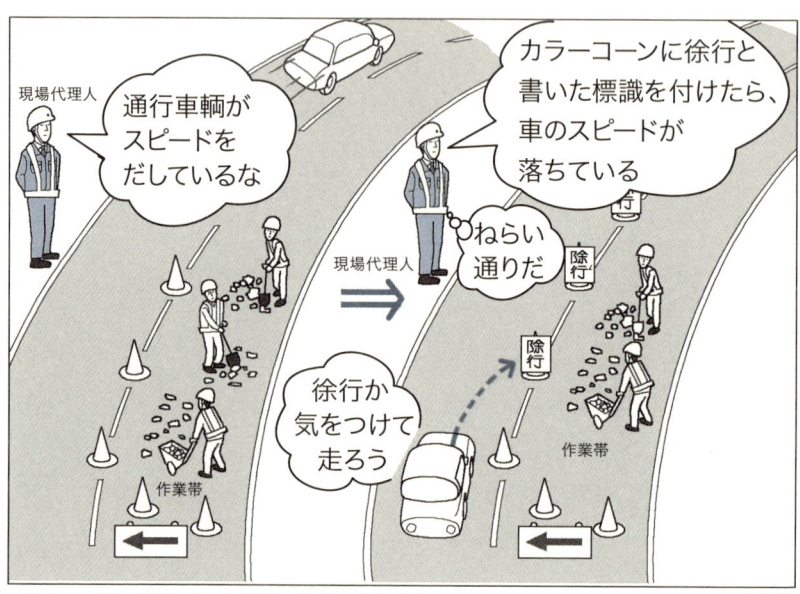

※ちょっとした気配りが運転手の注意を喚起する

• お金をかけた提案はダメ

　濁水処理対策において，河川敷に沈砂池（10 m×20 m）を並べて3個所つくり，濁水を3段階に沈殿させて処理し，上水だけを河川に放流するという提案は，広い河川敷を利用した安価で施工可能な方法として，発注者からよい評価を得ることができます。これに対し，濁水処理設備を設置して処理するなどお金をかけた提案は，独創性がなく，ただお金をかけているだけという理由で，全く評価の対象にならないので注意しましょう。

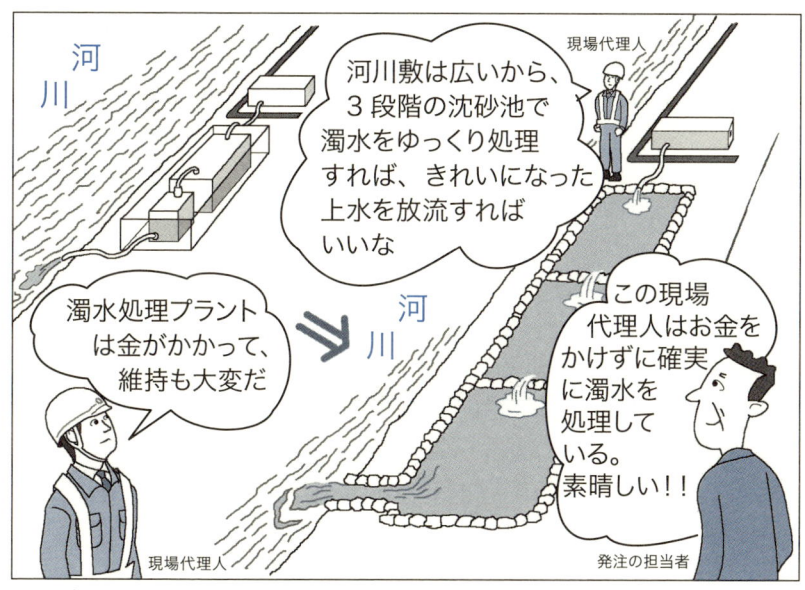

※お金をかけず確実な沈砂池は効果が上がる

• ムダを省く

　車道の舗装工事において，民家の車両が出入りする箇所に切削後の段差を合材で擦り付けて通行を確保する場所に，プラスチック製の段差解消プレートを使用する提案は，設置撤去が容易で短時間でできるとして評価を得ます。擦り付け用の合材を省けるために資源の節約となり，段差解消プレートは繰り返し使用可能なので，環境に配慮した評価の高い提案となります。

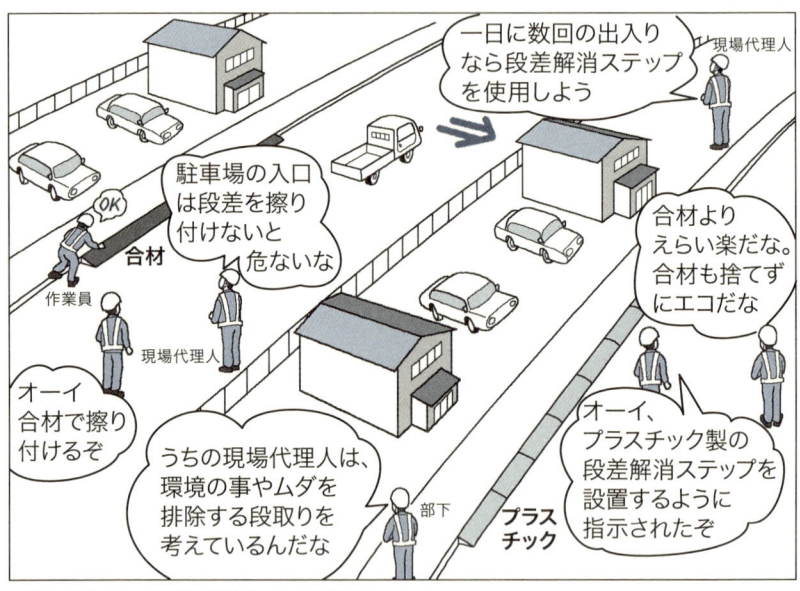

※ムダを省き，環境に配慮したアイデアの一つ

• 防塵対策は確実な方法を提案する

近隣に果樹園などがある場合に，盛土施工中は散水を行いますが，完成後に何もしないと風によって砂ぼこりが立ち，果実の成長に支障が出ます。このような時，近隣対策として隣接部の盛土を確実にシートで覆い防塵対策をするという提案は，創意工夫として評価は高くなりますが，防塵対策工としても設計変更が可能な提案と考えられます。近隣対策は，確実な提案がポイントとなります。

※近隣対策は確実な方法で好評価につながる

• 地域への貢献がよい

道路工事において工事予告版や注意看板を設置しますが，工事を行わない場合その看板に「休工中」，「解除中」などのマグネットを貼付します。この看板に安全標語入りのシートをかぶせて注意を喚起するという提案が，地域貢献につながると評価されます。「携帯電話，運転中使用禁止！」，「アイドリングストップで温暖化防止」など，マンガや標語を用いて沿道のイメージアップを意識した創意工夫の提案は，工事看板が地域の交通安

全と環境対策に一役買っているという評価をもらえることになります。

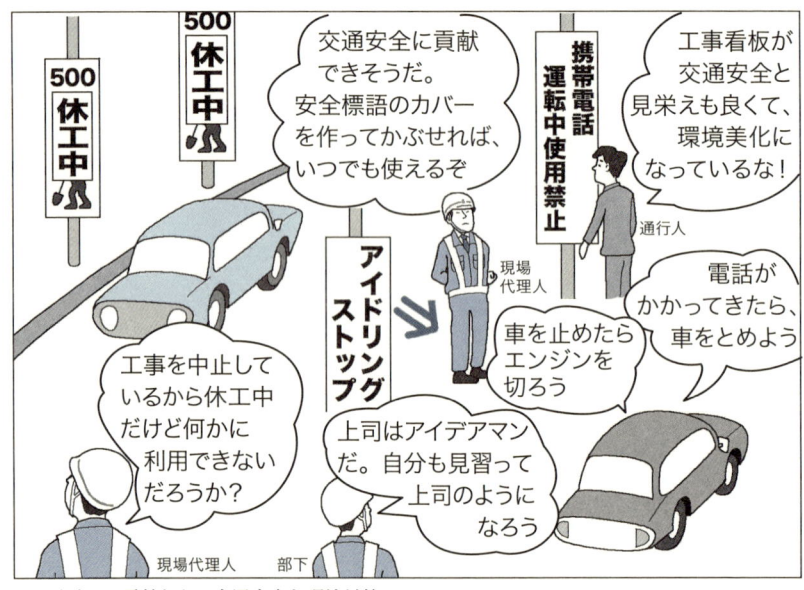

※地域への貢献となる交通安全と環境対策

- **創意工夫のアイデアはまねるのがよい**

　創意工夫をどうやって提案するかは，現場代理人のやる気次第です。創意工夫の考え方をまとめると次のようになります。

・独創性があって具体的な効果が確認可能な工夫は評価が高い

・安易に金額をかけた工夫では評価されない

・安価で効果的な工夫は評価が高い

・NETIS登録技術を利用すると評価が高い

・情報化施工を取り入れると評価が高い（特に国土交通省直轄工事において）

　日ごろから，工夫やアイデアを記録し，自分の技術データベースを作ることをお勧めします。繰り返しになりますが，常に「効率的な工夫やアイデアはないか？」と考えていなければ，いざという時によいアイデアが出てくることはありません。よいアイデアが浮かんでも，後で記録しようと

思っていると、翌日には忘れて思い出せなくなります。アイデアや工夫を思いついたら、すぐにメモしておきましょう。可能なら、社内で創意工夫データベースを構築し、施工計画を立案する施工検討会などで、創意工夫データベースから提案内容を決定するしくみを構築しておくと、アイデアや経験知が蓄積され知恵袋となります。

❿ 工事評定点を上げるスキル

　工事評定点は、国土交通省の評価基準を全国で準用しています。評価する項目は、施工体制、施工状況、出来形及び出来栄え、高度技術、創意工夫、社会性等となっています。この他、事故による減点として法令遵守の項目があります。

　これらの項目のうち、努力して高い点数をとれる項目があります。それは、出来形及び出来栄え（出来形・品質・出来栄え）、創意工夫、社会性等（地域への貢献）の項目です。無事故で、高品質で、出来栄えがよく、創意工夫を実践し、地域への貢献をすれば、施工体制・施工状況の点数は自然と高くなります。特に、創意工夫と社会性等は加点方式ですので、計画して実施すれば工事評定点をアップさせることができますが、計画、実施しなければ点数が上乗せされることはありません。定期的に見直される項目ごとの配点数の詳細はさておき、出来形及び出来栄え、創意工夫、社会性等の3項目の配点数は、100点満点中おおよそ50点以上の配点となっています。**工事評定点の50%強を占める重要な項目です**。したがって、この3項目を高得点にすることが、工事評定点を高くする近道なのです。

● 創意工夫と地域への貢献はやれば点がとれる

　創意工夫を提案するスキルとして事例を挙げた理由は、工事評定点のアップに必要で、やればやっただけ評価してもらえる項目となっているからです。詳細は、**「（9）創意工夫を提案するスキル」**（P73）を参考にしてい

ただきたいと思いますので、ここでは社会性等について考えてみましょう。

社会性等とは地域貢献のことです。地域貢献には「自治会の行事に参加する」、「小中学生や地域住民を招待して現場見学会を行う」、「現場周辺の清掃活動を自主的に行う」など、他にもあると思いますが、地域に根ざした活動をすることになります。全ては現場代理人が企画して実行していかなければなりません。

創意工夫と地域貢献に関しては、工事開始時に提出する施工計画書に記載しておく必要があります。地域住民や自治会から感謝状をもらうことができれば、社会性等の項目の配点数は満点となるでしょう。

• 出来形・品質・出来栄えのポイントはこれだ

出来形の配点数は、出来形管理の規格値を超えて、規格値以内に入っていなければ、当然ですがマイナス評価となります。規格値の範囲は常に確認して頭に叩き込んでおきましょう。また、工事写真は、現場代理人の姿勢を映し出す証拠となります。

したがって、誰が見ても素晴らしいという作品にしなくてはなりません。工事写真は撮り直しができないものがあるので、撮り忘れや撮影ミスは許されません。工事過程の全てを物語るものなので、真剣勝負と考えてください。工事写真の撮り方は事前に検討して、どのように撮るかを決めておくことが必要です。現場代理人が全ての工事写真を撮るのであればよいのですが、部下に任せる時にはどのような角度がよいのか、写真の構図はどうするかを打ち合わせておきましょう。何回か打ち合わせをすれば、自然と部下への写真撮影教育になっています。現場代理人の工事写真に対する思い入れを理解してもらえれば、部下に任せても立派な写真を撮ってもらえるようになります。

竣工検査に立ち会う検査官は、工事写真を確認する以外に詳細を見ることができませんので、工事評定点を上げるために、面倒がらずに部下に自

分の考え方を詳しく教育してください。最初が肝心ですから，初めてチームを組んだ部下には，細かいことから指導することを忘れないでください。こんなことぐらい分かっているだろうと部下に任せきりではよい作品は望めませんし，現場代理人として後悔することになるのです。

　撮影した工事写真の良否は，ファインダーをのぞいている人の意識にかかっています。それは，「残材が映っていないか？」，「水たまりが映っていないか？」，「遠景を撮影する時に法面全体がきれいに整形されているか？」，「床付け面はきれいに転圧されているか？」，「構造物は泥で汚れていないか？」，「黒板を持っている部下の袖や服のボタンが外れていないか？」，「黒板を持っている部下の姿勢は正しいか？」，「黒板は傾いていないか？」など，気が付くことは全てファインダーをのぞく人が確認するのです。もし，写真を撮る位置を少しずらしたら，水たまりや汚れが映らないと気付いたら，被写体である部下を動かすか，自身が移動するかを即座に判断して工事写真を撮るようにしましょう。現場代理人の工事写真に対する心構えは，「水たまりや汚れがないキレイな写真にする」ことなのです。繰り返しになりますが，竣工検査の検査官は，工事写真を見て現場の状況を判断する以外にないのです。

　工事写真と同じように重要なのは，出来形の実測値になります。その出来形実測値が出来形管理基準の1/2以内に収束していると配点数は高くなります。また，出来形寸法を撮影する工事写真は，リボンロッドやスタッフを駆使して出来形寸法をうまく表現する工夫ができれば，もっと配点数を高くできます。

　品質については，出来形管理図を工夫して独創的で分かりやすい表現にすることで，配点数を高くできます。また，2次元CAD,3次元CADを使用して出来形管理図を作成すれば，見やすくなりますので配点数を高くできます。

　出来栄えに関しては，自身の努力だけではどうにもなりません。構造物工

事では，ひび割れが発生する確率を下げて，ひび割れ予防策を実施して，ひび割れを成長させない工夫をすることが必要になります。また，構造物の打継ぎ目には，細心の注意を払い，目違いを防止することが重要です。コールドジョイントなどの不具合が発生しないようにすることは当然となります。

しかし，これらの不具合の発生を防止するには，現場で働いている人々の協力なしにできません。「出来栄えのよい構造物を作るぞ」という熱い思いと細かな管理手法を駆使して，働いている人々をその気にさせる情熱が現場代理人には必要となるのです。

• 事故を起こすと受注ができない

工事評定点の中に，法令遵守があります。これは，事故による減点項目で，口頭注意5点，文書注意8点，指名停止1ヵ月10点～3ヵ月以上20点の段階に分かれています。

その他に，総合評価による減点があります。VE提案に即した施工ができなかった時も点数が減点されます。法令を遵守して，事故の発生を予防する安全管理をしなければならないのですが，口頭注意以上の処分がない場合でもヒューマンエラー等の軽微な事故やもらい事故でも3点は減点となります。したがって，事故があれば，施工体制や施工状況という項目の点数が下がりますので，70点以上は取れないことになります。

事故の記録は，事故データベースに登録され，会社名や監理技術者名を入力すれば，発注者は簡単にトレースが可能となっています。事故を起こすと，そのデータが永遠に残ることになります。国土交通省では，平成8年頃から事故のデータベースが稼働しています。

現場代理人・監理技術者の事故経歴は，そのデータベースで分かります。また，平成17年度から，全ての公共工事において技術者の工事履歴・工事成績データベースの運用がスタートしています。国土交通省の直轄工事では，工事評定点65点以下は工事経歴と認められないので注意してくだ

さい。事故が発生した工事はそれに該当する可能性があります。公共工事を施工する技術者は，全て記録が残ると考えてください。

　もし事故が発生すると，現場の利益を圧迫し，指名停止になり，工事成績である工事評定点が下がります。すると，会社の工事成績平均点が下がり，総合評価による持ち点数を下げ，受注ができなくなります。現場代理人ができる唯一の受注への貢献ができなくなってしまうので，事故を起こさない安全管理を実践していきましょう。

- **工事評定点をアップするためには日々の姿勢が大切である**

　現場代理人は，**「現場に常駐していたか」**を毎月評価されています。さらに，**「担当者とコミュニケーションがとれているか」**も評価項目となっています。また，監理技術者は，現場に常駐して，施工計画・工程・技術的事項に主体的に関わり，創意工夫や提案をしながら工事を進めていかなければなりません。

　したがって，日々の行動の良し悪しが工事評定点を左右することになりますので，前向きで情熱を持ち，発注者と良好なコミュニケーションを構築しながら工事を進めていく必要があります。物静かで寡黙な人でも現場に着く前に気持ちを切り替えて，現場代理人という役をこなす役者になりきることが，日々の評価をアップさせることにつながっていくのです。

　日々評価されているという観点から，現場代理人は，問題点を予測し，トラブルが発生しても動じず解決し，リーダーシップをとりながら，良好なコミュニケーションを構築するスキルが必要となり，前向きに活動的に積極的に動く必要があります。現場代理人という役者になりきることが重要です。しかし，家の玄関にたどり着く前には物静かで寡黙な人に戻ってください。役者になりきるのは，会社のユニホームを着ている間だけと考えてください。家庭では素の自分でいられるように，心の切り替えスイッチのON，OFFを上手に切り替えてください。

● 各工種の工事評定点の評価項目を知る

　工事評定点をアップさせるために，提供する製品について具体的な出来栄えの項目を考えてみましょう。評価項目の一例を工事工種ごとに挙げると，次表のようになります。

表－1　工事工種ごとの評価項目例

工　種	評価項目の一例
コンクリート構造物工事 砂防構造物工事 海　岸　工　事 トンネル工事 コンクリート橋工事	ひび割れがない 漏水がない 構造物の規格値を満足している
盛　土　工　事 築　堤　工　事	通りがよい 構造物へのすりつけ等がよい
切　土　工　事	正確な勾配が確保されている 法面の浮き石除去等，切土表面が適切に施工されている
護岸・根固・水制工事	天端，端部の仕上げがよい 通りがよい
舗　装　工　事	平坦性がよい 雨水処理がよい 構造物へのすりつけ等がよい
法　面　工　事	植生，吹付等の状態が均一である 全体の美観がよい
基　礎　工　工　事 （地盤改良含む）	土工関係の仕上げがよい 施工管理記録から不可視部分の出来映えの良さがうかがえる
鋼　橋　工　事	表面に補修箇所がない 部材表面に傷，錆がない 溶接・塗装に均一性がある

　この他にも工事評定点を上げる項目はたくさんあります。工事評定点の配点数や点数の付け方は国土交通省のホームページに公表されていて，簡単に手に入れることができるので，自ら入手して調べておきましょう。現

在，自ら運営している工事の工事評定点を自己採点することも必要でしょう。また，評価基準を工事に反映させて，効果的・効率的に現場を管理することができれば，評価基準を知らないで現場を管理するよりも工事評定点をアップさせることができるのです。

　また，施工体制等に関する評価項目についても，次表にまとめてみました。

表－2　施工体制等の評価項目例

評価対象	評価項目の一例
施工体制一般	施工体制台帳が整備され，施工体系図が現場に掲示され，現場と一致しているか 工事規模に応じた人員，機械配置の施工となっているか
施工管理状況	施工計画と現場の施工方法が一致しているか 品質確保のための対策が見られるか 現場でのイメージアップに積極的に取り組んでいるか
工程管理	現場条件の変更への対応が積極的で処理が早く，地元調整を積極的に行い円滑な工事進捗を行っているか 夜間や休日等の作業が少なく，余裕をもって工期前に完成したか
安全対策	災害防止協議会の開催・店社パトロールを1回／月以上実施し，記録が整備されているか 安全サイクル（安全巡視，TBM，KY活動，新規入場者教育）の記録が整備されているか 山留め，仮締め切り，足場，支保工についてチェックリスト等を用いて記録が整備されているか
対外関係	地元や苦情に対して的確に対応し，良好な対外関係を構築しているか 関係官公庁等の関係機関と調整しトラブルがないか

　このように，工事評定点の評価項目は工事全般にわたっています。ここに挙げた項目は，一部ですが評価項目の中でも大きなウエイトを占めるものです。「こんなにたくさんあるのか」と諦めずに，「大変だ」と思わずに，積極的に管理していくことが現場代理人の役目です。しばらくすると慣れ

てしまい,「難しい」と思った半年前が懐かしく思えてくるのは不思議なものです。気持ちの持ち方は,「何でも来い！」という楽天的で,前向きで,明るいくらいがちょうどよいと考えています。しかし,現場代理人という役を演じている間の気持ちの持ち方ですので,現場代理人の役から解放されている時は,元の自分でいることが必要です。

⑪ 事故を予防するスキル

　現場で働いてくれる人々は,新規に現場に入ってきた瞬間に,安全管理レベルを値踏みします。「この現場の安全はこの程度でよさそうだ」,「この程度の安全管理でやっておけば監督さんは文句言わないな」と一瞬で現場の雰囲気を感じ取ります。新規に現場に入場して最初に参加するのは,朝の朝礼です。その後,ＫＹ活動,ＴＢＭと新規入場者教育を受けることになります。ここまでで,この現場の安全管理の程度を知ることになります。現場で働いてくれる人々は,同じ現場に留まって仕事をしていることはありません。頻繁に現場を変わりその都度安全教育を受けているので,現場代理人の安全への思い入れを鋭く感じてしまうのです。安全に対して「ゆるい現場」と感じたからといって,事故を起こしてしまうというものではありませんが,確実に事故の危険性は大きくなっていることになります。したがって,現場代理人や会社の安全に対する姿勢が問われることになるのです。

　そこで,事故を予防する基礎をつくり上げるには,現場代理人が朝礼に出席することから始まると考えてください。事故を起こさないという信念と安全に対する思い入れは,現場代理人の朝礼での話が重要になります。現場に新規に入場してくる人は,興味を持って現場代理人を見ていますから,朝礼の一言を聞けば当該現場の安全レベルがどの程度かをすぐに理解してしまいます。

　現場代理人は,毎朝必ず,情熱を持って安全への思いを語るようにして

ください。朝礼は，現場代理人にとって安全に現場を運営する勝負の時なのです。自ら率先して凡事徹底することと，アナウンス効果を利用して同じ言葉で繰り返し話をする現場代理人の情熱が必要です。「朝礼の一言が事故を防止する」と考えてください。

では，事故を予防する安全教育はどうやって行えばよいのでしょうか？

私が経験したことですが，社外へ出て帰社途中のことでした。山手線から総武線に乗りかえようとした時に，電車の発車ベルが鳴り始めたので，急いで電車に乗りました。その時，反対側にドアの外を見ている作業員風の人が2人立っていました。混んではいなかったのですが，慌てて飛び乗ったので，周囲を気にせずに彼らの後ろに立つことになりました。すると，盗み聞きしたわけではないのですが，彼らの話が聞こえてきました。

その話は，こういう話でした。1人は世話役さんで，もう1人は鳶工さんでした。鳶工さんは大きなバッグを持っていて，世話役さんがこれから現場に連れていくぞという雰囲気でした。世話役さんが「安全帯は持ってきたか」と聞くと，鳶工さんは「持ってきました」と答えました。すると，世話役さんは「ヨシ」と言いたげな横顔を見せて，「安全帯は付けるだけじゃダメだぞ。ちゃんと使わなくちゃいけないぞ」と言いました。すると鳶工さんは，「当たり前でしょう，分かっていますよ，それぐらい」と言い返しました。それを聞くと，世話役さんが話を続けました。「あの現場はマイクで『おい！そこの誰誰さんは退場してください』と言われたら退場しなくてはいけないよ。それは何を意味しているか分かるか？」と鳶工さんに返事を求めるわけでもなく続けました。「朝の9時で言われるか，16時で言われるかは関係ない。たとえ，17時の10分前に『退場』と言われたとしても，時間の問題ではない。もし退場と言われたらその日の日当はないよ」と話していました。鳶工さんはびっくりして何か言いたそうでしたが，世話役さんは「退場者が出た場合，会社に罰として何等かの制裁があって，会社は迷惑を被ることになる」と諭していました。それからは宿舎の

話，食費の話，賃金の話など細かな話をしていました。

「その日の日当をあげない」というのは問題があると思いますが，これから行く現場は安全に厳しいから安全規則を守って仕事をするのだ，ということを一言で教育しています。非常に素晴らしい安全教育だと思いました。送り出し教育として当たり前かもしれませんが，現場に入る前から，世話役さんが厳しく安全教育をしているのです。

この話を聞いた時に，「素晴らしいな」，「そういう会社にしなくてはいけないな」と素直に感心しました。安全を追求するには，協力業者を巻き込んで徹底することだと考えさせられました。その鳶工さんは，現場に着く前に聞かされた言葉によって「安全帯を必ず使わないと日当がもらえない」と思うので，安全帯の必要な時は必ず使うようになります。さらに，鳶工さんは現場に入場する前から気を引き締めて現場に入場することになります。現場へ入場する前から厳しく送り出し安全教育を行ってもらえるようにするためには，現場代理人とともに会社にも安全に対する厳しい姿勢が必要なのだと思いました。

皆さんの会社はどうですか。会社全体で安全基準を上げて取り組んでいるでしょうか。「安全帯だけで事故がなくなるわけはない」と考えている現場代理人は，最も多い事故原因が墜落・転落であることを認識していない人です。安全帯を有効に使用することで，ヒューマンエラーによる危険があったとしても，死亡事故を防止できるのです。少なくとも「安全帯を使って仕事をしなければいけない」という意識を持ってもらうためには，その本人の自覚に働きかけるしかないのです。たとえどのようなルールを作っても，「この程度の作業なら1分で終わるから，安全帯は要らない」と不安全行動をしてしまう心の隙に事故は忍び寄ってきます。「この程度なら事故を起こすことはない」という慢心を持たせない安全管理は，現場だけに任せていてはできませんので，会社として取り組む必要があります。工事を発注する条件の中に，「現場内就業時，安全帯の未使用者は現場を

即時退場させる。それに伴い工事の遅れが生じた場合は次工程の会社に損害金を支払うものとし，その調整を現場代理人が行う」といった条件項目を入れるなどして，会社としての歯止めが必要です。安全帯の使用は法令遵守項目ではありますが，協力業者を一堂に会した安全協力会の総会などで決議して，協力業者の同意を得ておくとスムーズな運営が可能になるのではないかと考えています。

● 現場代理人の朝礼のあいさつが現場を引き締める

　現場代理人は，朝礼で必ずあいさつをしてください。事故を起こさないという意識が，現場代理人の話から芽生えてくると考えます。現場代理人は働いている人々の注目の的なのです。朝礼に参加しているほとんどの人が，現場代理人の話に耳を傾けているのです。

　話し方は，両足を肩幅に開き，体重を均等にかけて，力強く大きい声で，ぐるりと朝礼に参加した全員の顔を見ながら，**「事故を起こしてはならない」**というメッセージを熱く語ってください。シンメトリーとなるしっかりと地に着いた姿は，人の目には大きく移りますし，誠実さを感じる姿勢となるのです。くれぐれもポケットに手を入れ，斜に構えた姿勢は慎んでください。悪い姿勢は，現場代理人の印象を悪くし，安全の話も相手に全く通じなくなります。

　話す内容は，パターンを3種類程度用意しておき，その日の状況によって内容を選択していけばよいでしょう。その話の中には，繰り返し話す重要なキーワードを入れておき，熱く語ることが現場を引き締めていると確信して朝礼を有効に使いましょう。

●「ごくろうさま」と一人一人に声をかけながら巡回する

　現場代理人が現場を巡回しだすと，働いている人々はその姿を観察しだします。働いている人たちは，現場代理人の存在が気になり，通りすがり

に何か言われるのではないかと考えます。ところが，巡回している現場代理人が何も声をかけないと分かると，その存在はただの人に変わっていき，現場代理人が巡回する効果は薄れてきます。そのうち，働いている人々の警戒モードは全くなくなります。これは，もったいないと考えてください。

　現場代理人は，巡回時に「ごくろうさま」と一人一人にあいさつをするようにしてください。これには，2つの効果があります。一つは，現場内のコミュニケーションを構築できることです。もう一つは，現場代理人の話を聞くようになることです。毎回あいさつをしていると，休み時間にこんな話が出てくるようになります。それは，「ここの所長さんは，若いけどあいさつを必ずしてくれる。なかなか珍しいな」と。働いている人々の会話に上れば，現場代理人に興味を持ったことになります。興味を持ちだすと，だんだんと現場代理人の朝礼での話を聞いてくれるようになります。「ごくろうさま」と「朝礼での話」は別々に考えるのではなく，**両方を同時に実践することが大切なのです。**

- ### 危険な作業の時は，現場代理人自ら作業を見守る

　工程を進める上で，現場では危険度が高い作業が発生します。毎日のことではないでしょうから，危険な作業には現場代理人自ら立ち会うようにしてください。これも，「ごくろうさま」と「朝礼での話」と「危険度の高い作業の立ち会い」をセットで考えてください。現場代理人の安全への熱い思い入れは，現場を引き締めてくれるのです。この危険を伴う作業は部下任せにしない，事故を起こさない，という思いは必ず伝わりますので，現場代理人の役割と心がけてください。

- ### 不安全な設備はすぐに是正する

　現場代理人が巡回した際に不安全な設備を発見したら，すぐに是正させるようにしてください。工程が厳しいから明日でもいいかと思うと，その

気持ちは部下にも浸透していきます。「これくらいはいいだろう」と手を抜くと事故の芽が育っていきます。現場代理人の気持ち一つで，安全への思いは中身のないものに変化してしまうと考えてください。

部下への安全教育のためにも，不安全な設備は放置してはいけません。**「安全に対して妥協はない」** と心に刻んでください。もし事故が発生して，その原因が不安全な設備によるものとなれば，どんなに後悔をしても自分に責任がついて回ることを覚悟してください。部下も，会社も，誰も助けてはくれません。

工事を何から何まで自分一人で遂行するのであれば，怪我をしたくないので自身が危険だと思う設備は自分で是正することになります。しかし，自分一人だけで工事を完成させることは不可能です。自分の代わりに働いてもらっていると考えれば，不安全な設備を放置できないでしょう。自分の命と働いている人々の命の重さは変わりませんので，いつも自分の代わりに働いていただいていると，感謝と慈愛をもって現場を管理すれば，作業環境の整備が必要と納得できることになります。

事故を起こさないという情熱をもって、朝礼で話をしよう！！

- 毎回「ごくろうさま」と声をかけだしたら、現場が変化してきた。
- 危険な作業は、自分自身が立ち合って安全な指導をしよう。
- 不安全な設備は、直ちに是正していこう。

安全は何事も徹底することだな！！

現場代理人

- **事故を防ぐには凡事徹底を実践する**

　凡事徹底とは，決められたことを面倒がらずに毎日実践することです。繰り返しになりますが，朝礼のあいさつでは，情熱を持って安全について話をすることで現場が引き締まります。さらに，そのあいさつの中に現場で実践してほしいことを伝えてください。一見，安全と関係ないように見えますが，これが安全を後押ししてくれます。

　例として，次のようなことを掲げるとよいでしょう。

①前向きな気持ちを持ち続ける
②人の悪口を言わない
③否定的なことは言わない
④あいさつをする

　これらは，全て安全につながっていきます。前工程の業者が作業のために外した手すりがあったとしても，不安全な設備があれば前向きに是正する。そのことに関して，前工程の業者を非難しない。現場代理人があいさつを励行していると，現場で働いている協力業者間でもあいさつが交わされるようになり，前工程の業者が直すべきところ，手すりを外して作業したが取り付けを忘れてしまったのだろうと考えて，自分たちの安全のために付け直すことを厭わなくなります。さらに，「手すりの付け直しはしない」などと否定的なことは言わないようになります。現場内のコミュニケーションがよくなると，安全に対してよい回転がつくようになり，安全指示の効果が大きくなると考えてください。

　行動指針の他にもう一つ，「幸せになるコツは，人から褒められること，人の役に立つこと，人に必要とされることです」と定期的に話してください。この言葉は，現場で働いてくれる人々に関心がありますという意味です。最初に話す時は照れ臭いですが，一見安全と違う話でも安全につながっていきます。現場代理人が働いてくれる人々に関心を持てば，自然と現場のコミュニケーションがよくなります。

どうしてこの話をしなければいけないかというと，現場で働いている人たち，皆さんが，それぞれ家族を持っているわけです。家に帰ればお父さんです。そういう方々と一緒に仕事をさせていただいていると思わなければいけません。皆自分と同じなのです。現場で「いつもありがとう」，「本当に感謝しています」と言われたり，「この出来栄えはすごいな」と褒められたりしたら，誰でもうれしいものです。そういうふうに考えて現場を運営したら，必ずよい方向に現場が動いていきます。現場代理人に必要なのは，いつも自分の代わりに働いていただいていると感謝と慈愛をもって現場を管理することなのです。

　安全指示事項は，打ち合わせで書面をもって伝えていますが，現場入場者全員に安全指示が伝えられているかを確認するには，全ての入場者に聞き取り調査をする以外にありません。そこで，毎日の朝礼で，前日打ち合わせた安全指示事項を発表すれば，安全指示事項を聞いていない人はいなくなりますので，朝礼で発表することの意味は大きなものとなります。このように，**凡事徹底することが，現場の安全の質を高めることになるのです**。現場代理人が，朝礼で安全に対して情熱を持って話をすることが必要なのです。

• 新規入場者への教育は念入りに

　現役を引退して1年くらい仕事をやっていなかった人が，「人手が足りないので2〜3日だけ手伝ってくれ」と友達から頼まれて現場に入場してきた場合は気を付けましょう。本人は，過去に十分な経験があるので仕事ができると考えて入場してきますが，1年も休んでいると，健康診断を受診していない，体力が衰えているのにその自覚がない，という状況が考えられます。また，真夏以外の季節も本人の判断を狂わせたりします。

　しかし，真夏でなくても直射日光の下での作業となると慣れない体には大きなダメージとなり，熱中症で倒れてしまうなどの危険をはらんでいま

す。新規入場者が事故に遭う確率は高いので，安全面での教育はもちろんのこと，健康面のチェックも確実に行ってください。特に高齢者の入場には念入りな確認が必要です。

協力業者が提出する作業員名簿に記載がない新規入場者は，契約関係や健康診断に問題があると判断して，入場不可の決定をすることが大切です。それには，送り出し教育と健康診断を実施した証として，作業員名簿の事前提出を前もって安全協議会などで指導し，徹底させることが必要となります。

現場代理人は新規入場者教育を部下に任せきりにせず，立ち会って様子を観察してください。新規入場者教育では，現場代理人の安全への思い入れについて簡単に話をするとよいでしょう。現場代理人が所用で立ち会えない場合は部下に任せることになりますが，いつも現場代理人が新規入場者教育に立ち会っていれば，部下も聞いている現場代理人の想いを代わりに教育するようになります。新規入場者の事故を回避する方法と考えてください。

- **ガードマンには警備に集中させる**

道路を通行止めにした時に，幅1.2m程度の安全通路を確保して歩行者を通行させる場合は，自転車通行者に対して細心の注意を払ってください。自転車通行者は，1.2mほどの幅員があると，自転車に乗ったまま通り抜けようとします。自転車に乗っている人の心理として，「遠回りはしたくない」，「早く通過してしまいたい」，「自転車を降りるのは面倒だ」ということを考えます。

しかし，1.2m程度の幅員では自転車を乗って通行するには危険が多すぎます。作業状況にもよりますが，作業区画をフェンスで仕切っていても，作業帯側に自転車通行者が転倒した場合は大事故となるような第三者災害になります。作業帯と反対側に転倒したとしても，壁などに接触して怪我

をすることになり，どちらにしても悪い結果となります。

　自転車で通行する第三者の安全を確保するためには，作用帯の前後にいるガードマンに，自転車を降りて自転車を押しながら通行してもらうように，声かけと誘導をする以外にありません。この誘導方法は，100人中95人の方に従ってもらえます。残りの5人は，「自転車の運転は上手だから」，「急いでいるから」，「ここで工事をしているのは迷惑だ」など理由を付けてそのまま通過してしまいます。しかし，自転車通行者の95％は，誘導に従ってもらえるのです。これで，転倒に伴う第三者災害の発生確率を大幅に下げることが可能になります。このように，ガードマンには警備に集中してもらうことこそが，第三者災害の芽を摘むことにつながっていくのです。

　ガードマンに警備以外の作業を手伝わせたりしていませんか。警備以外の仕事で事故を起こした場合は労働災害となります。ガードマンの中には，経験があるからと自分から手伝いたがる人がいますが，警備以外の作業をやらせてはいけません。新規入場者教育において，「警備以外の作業はやらない」と必ず確認してください。ガードマンは警備以外の作業には慣れていませんので，事故を起こす確率が非常に高くなります。ガードマンが暇そうだから，便利だからと警備以外の作業を行わせて，事故を誘発させるような指示は出さないようにしてください。

⑫ 一歩上を行く自分を磨くスキル

　夢を実現させる方法について考えてみましょう。新入社員で入社した時に，どんな思いで会社に来たのかを思い出してみましょう。

　「優秀なエンジニアになりたい」，「現場代理人になって仕事をしたい」，「会社の幹部になりたい」，「社長になりたい」，「自分で会社を興したい」などさまざまですが，努力なしに夢を実現させることはできません。そこで，目標とする将来像を見据えて，その立場にふさわしい資格を取得して

いくことが必要となります。将来の夢に必要な資格を取得するためには，まず「計画を立てて，時間を有効に使うこと」が重要になってきます。20代で必要な資格，30代で必要な資格，40代，50代と人生の計画を若い時から考えておく必要があります。さらに，時代の変化とともに必要になってくる資格もあります。

今，何をしたらよいか分からない人は，将来に対して明確な目標がない人です。日々の忙しさは，将来の目標を失わせ，初心を忘れさせ，変化のない人生に引き込もうとします。さらに，自身の前向きな思考にブレーキをかけ，「現状維持するだけで大変なことだ」と後ろ向きのギアにシフトさせる魔物なのです。どんな人でも仕事を始めて5年以上も経つと，新人の時に考えていたことはすっかり忘れてしまい，同僚と酒を酌み交わしても上司の悪口と会社への不満を肴にして愚痴だらけの酒に変わってしまっています。そうなってしまうと，自分の将来像はどこかへ消えてしまい，努力しない自分に疑問さえ持たないようになっています。

もし，そんな人が「座右の銘」を持っていて，常々その言葉を思い起こしていたらどうでしょうか。自身を戒める言葉は，忙しさという魔物から定期的に自分を「振り出し」に戻してくれる魔法の言葉となります。毎日でなくても，休日にふと思い起こすことがあればよいのです。1週間7日のサイクルは，昔から人間が生活するリズムとしてちょうどよいサイクルになっているのです。

いつも自分が座る場所の横に書き記しておく戒めの言葉が**「座右の銘」**です。1週間に1度その言葉を思い起こしていると，人は夢を追いかける人に変わることができます。忙しさという魔物から逃れるために，定期的に自分自身が好きな座右の銘と向き合うと，人は変わるのです。つまり，自分に都合のよい決まりをつくり守ってみるということなのです。

そうすると，同僚と一杯飲み始めた時に上司の悪口ばかりでなく5回に1回ぐらいのペースで，「自分は将来こういうことをやりたい」という話

をして，「自分の夢はこうだ」と口に出して語るようになります。夢を人に語ると自分を駆り立てる動機となって，**「自分の夢を実現させよう」**とする大きな力へと変化していきます。他の人に自らの夢を語ることは，徐々に夢を実現したいという気にさせる自己暗示の効果があることに気が付きます。自ら夢を人に語ったのだから，実現させなければと思うようになります。このように，夢を実現させるためには，まず他の人に自分の夢を語ることから始まるのです。つまり，有言実行です。

　夢を実現するためには，計画を立てなければなりません。計画ができれば，実践しようという気が生まれます。しかし，その計画通りに進むことはほとんどありません。それは，計画が生活リズムと合わないものになっているからです。ここで，半数の人は挫折します。そして，忙しさの魔物に取り込まれ，やはり「忙しいから無理だ」と後ろ向きになりやめてしまいます。そして，5年後にあの時やっていたらよかったなと後悔することになります。

　もし，自分を見つめ直すことができる「座右の銘」という魔法の言葉を定期的に唱えたら，計画を見直して実践していくことができます。自分を「振り出し」に戻してくれる意志の強さを身に付けるために，座右の銘という魔法の言葉を持つことをお勧めします。

　夢を実現する努力を継続するには，強い意志が必要となりますが，自分に魔法をかける言葉が大きな助け船になることを覚えておいてください。一生懸命に厳しい計画を実践して，自分を追い込み，つらい思いを強いても，なかなか継続していくことはできません。生活のリズムに合った計画が立てられれば，必ず夢を実現することができます。それには，週に3日の実践がちょうどよいと考えてください。1つ夢が実現したら，次の新しい夢を見つけて人に話をして，人生に回転をつけていければ，「夢を実現する」という楽しみを持つことができるのです。

　夢を実現させる方法をまとめましょう。

①夢を持つこと（一つではなく数多く持つことが自己啓発のために必要）
②口に出して人に語ると目標に変わる（人に語ることで自分をその気にさせる，有言実行を実践すると自分の目標が明確になる）
③計画を立案する（無理のない計画を立てることが実現の一歩）
④計画を実践する（強い意志力の鍛錬）
⑤実践の継続が夢を実現する（自分だけにしか分からない人生の満足感を享受）
⑥また新しい夢を見つけて，人に話をする（さらなるレベルアップを図るために）

現場代理人としてより高いレベルを目指すために，夢の実現が必要と考えてください。

• 資格試験は1週間三日坊主がいい

　三日坊主と言うと悪いイメージですが，怠け心にはとても心地よく響く言葉です。試験勉強をするのに，忙しくて自分には無理だと簡単に諦めさせてくれる都合のよい言葉です。しかし，考え方を変えてみると3日間も勉強したのだと自分を褒めることもできます。

　試験勉強の継続には，自分を甘やかすことが大切となります。自分との戦いなので，自分を叱咤激励するだけでは継続できません。自分の心の中に逃げ道を作ることが重要となります。試験勉強をする自分の「脳」と「心」とは別々であると考えてください。睡眠中以外では，人間の脳はいくら使っても疲れません。しかし，勉強しようとする意志を持つ「心」は，すぐに折れてしまいます。当たり前のことですが，「心」に継続する意志がなくなるとやる気は起こりません。「心」は，「サッカーの試合がある」，「野球の好カードだ」，「友人の誘いが」など，集中力を途切れさせる原因に簡単に支配されます。「自分は資格試験勉強をやろうと思っていたのに」と勝手に何かに責任を転嫁して「しょうがない」と決定してしまうから継続す

ることが難しいのです。

　人間の脳は容量が大きく、勉強をすればするほど記憶は蓄積できます。資格試験の記憶容量は問題集の1冊程度ですので、大学受験と比較しても少ない容量となっています。しかも、仕事に直結する資格試験であれば経験も加わるので、記憶することはさほど多くないと考えてください。勉強して疲れたと思うのは、「同じ姿勢をとり続けたために体を休めたい」、「目が疲れた」、「昨日の飲み会で睡眠不足で眠い」などの二次的なことが原因で、脳が疲れたわけではありません。当然、やる気がなければ、記憶が定着するほど集中できないということになります。

　でも、1週間で3日間やればよいのだ、と心に余裕を与えておくと意外と心が軽くなります。3日間も勉強したら自分を褒めて心をいたわってください。また、1日の勉強時間は2時間程度でよいでしょう。睡眠不足でなければ、2時間程度なら同じ姿勢でも集中力を維持するのは簡単です。

　このように、資格試験勉強の極意は、週三日坊主がちょうどよいと考えています。資格試験勉強は、1週間でリセットすることです。逆にいえば、月曜日～土曜日まで6日間のうち3日間で、2時間×3日で6時間勉強すればよいことになります。2時間×1日だけなら、日曜日に少なくとも4時間勉強すれば、3日間勉強したのと同じことになります。

　「三日坊主」という響きは、自堕落な人間には救いの言葉で、週に3日やればいいんだという心の余裕が生まれます。週も半ばの水曜日になると「今日はやらないと三日坊主にならないな」と焦る気持ちと「まだ時間がある」と余裕の気持ちのかけ合いが、心に少しの緊張を与えてくれます。また、「今週は4日間もやったから日曜日は遊びに行くぞ」なんて気持ちにもさせてくれる魔法の言葉だと思っています。

- **尊敬する上司をまねする**

　尊敬する上司はいますか。尊敬する上司がいる人は、自分磨きの得意な

人だと思います。尊敬する上司がいない人は，人のよさを見抜けない人です。尊敬する上司がいない人は，部下からも尊敬されていないと考えてください。

　尊敬する上司がいると自然とその上司の行動を観察しています。また，上司の話し方を聞いていますし，考え方に興味を持ちます。そうしているうちに，自分の行動・話し方・思考法などが上司に教わったかのように，同じようなことをしている自分に気が付きます。知らず知らずに使っている言い回しに，この言い方は以前に聞いたことがあるなと考えてみると，尊敬する上司の言い回しをまねていたりしていることがあります。かっこいいな，仕事ができるなと思っていた尊敬する上司のよいところを記憶していて，現場代理人となった時に同じような状況で，同じような動きや同じような理論展開で同じような言い回しをしていることにはっとします。

　もし，尊敬する上司がいなければまねるような行動はありません。人は，感動したことやこれはよいなと思ったことを心の中に記憶として蓄積しているのです。これは，上司のよいところを自然に受け取って，自分に備わったのだと考えてください。しかし，上司の悪いところをまねすることは，決してありません。なぜなら，こういう上司にはならないぞと心に誓うからです。

　尊敬する上司の行動は，自然と自分の心の中に入り込み，その場面と状況も同時に記憶として獲得しているのです。どんどんまねしろとは言いませんが，自然と自分自身の行動に出てきたら，上司のおかげでプラスアルファの力をもらったことになります。だから，尊敬する上司を見つけることをお勧めします。

　さらに，尊敬する上司がいる現場代理人は，尊敬する上司以上にもっと立派になりたいと思うようになります。尊敬する上司の記憶は既に過去の記憶となっていて，記憶の中の上司は成長しませんので，その上司を乗り越える時がやってきます。尊敬する上司も成長しているので少なからず変

化していますが，記憶はありがたいもので，自分の中の上司は成長しないままなので追い越すことができるのです。若いうちに尊敬する上司を多く見つけることで，自分を高めてくれる力をもらっていることになるのです。人に親切にすれば，その相手のためになるだけでなく，やがてはよい報いとなって自分に戻ってくるということわざで「情けは人のためならず」という言葉がありますが，尊敬する上司を見つけることは一歩上を行く自分磨きの最強の方法となります。**素直に感動して素直に尊敬することは，どの業種でも自身のステップアップのための極意なのです。**

　人を尊敬できる人は，自分自身を高めようとしている人です。人を尊敬できる人は，もっと違うことを身に付けようというプラスの回転の考え方をするので，人のよさを見つけることができるのです。尊敬する上司をたくさん持つことは，自分を高めることなのだと考えて，一つでも上司の尊敬できるところを見つけたら，また成長したと自分を褒めてください。「上司のよさを見つけなさい」と自分に努力を強いるのではなく，素直に上司のよさに感動すれば自分が成長するのだと考えてください。今日から，家に帰る途中で電車に揺られている時に，直属の上司を思い浮かべて「あの人のよいところはどこだろう」と考えてみてください。人に関心を持つということが，人類愛とでもいいましょうか人に優しくなれる心をつくる魔法となります。人は人の悪いところは一瞬で分かるのですが，良いところ・尊敬できるところを見つけるには素直に感動することが必要となりますので，その人に関心がなければ見つけるのも難しいのです。

　「尊敬する上司をまねする」をまとめてみましょう。

　○人は，尊敬する上司を自然とよく見ている

　○人は，自然とその上司のまねをしている

　○素直に自分が感動したことによって，自然と自分の心の中にインプットされて，同じような場面で上司と同じような行動をする（自然獲得行動）

○ 自分の成長とともに，もっと立派になりたいと思う
○ 「偉くなりたい」，「立派になりたい」という心の働きから，尊敬する上司よりさらに一歩進んでやろうと思う（自己独立発展行動）

上司のよいところをたくさん抽出して自分のものにすることが，バランスのとれた成長と考えましょう。

（尊敬する上司の真似をしている時があるな……）
（自分も尊敬される上司になれるだろうか？）
（資格を取得することも必要だな）
（自己啓発を継続してやるぞ！よし，週3日坊主を実践してみよう）
（率先垂範で部下を引っ張るぞ！！）

現場代理人

• 心理学のセオリーを使え

　現場代理人は，すこぶる孤独な立場です。会社からは利益を求められ，部下からはリーダーシップを求められ，発注者に信頼を与え，協力業者に仕事を提供し，苦情を処理し，家族を幸せにしなければなりません。現場代理人が頼れる人はいません。全ての責任は現場代理人にかかってきます。現場代理人が精神状態をバランスよく維持していくためには，**簡単な箴言（戒めの言葉）・格言（人生の真理・指針・戒めの短い言葉）**が必要となります。そこで，心理学のセオリーを理解しておくと意外と役に立つことがあります。話のネタにもなりますし，予測ができるようになります。「そうそう，そんなことが，あるある」という感じで，気楽に心理学のセオリー

を味わってみてください。ここに挙げた心理学のセオリーのほとんどは，『フシギなくらい見えてくる！本当にわかる心理学』（植木理恵著　日本実業出版社）の中から抜粋したものです。

セオリー①　目標は短期達成型にするのがよい
→　毎回達成可能な目標を掲げると，精神的な満足感が能力を刺激して，達成感を多く経験し継続する。

セオリー②　優れたリーダーは目標を掲げる
→　目標を掲げ達成することに叱咤激励するが，部下のプライベートな揉め事は白黒を急がず自浄作用に任せる人である。

セオリー③　断定形の言葉を信じやすい
→　２つのことを断言する（ロマンティストでクールな性格）と心の中を言い当てられたという錯覚をするフォアラー効果（バーナム効果）という心理トリックがある。占いのテクニックである「自分で決めたものはよい」という幻想を利用する。

セオリー④　「なぜなら」があると記憶に残る
→　記憶の精緻化で定着率が上がる。

セオリー⑤　期待が現実になる
→　周りが心から信じて期待するだけで，人は期待にこたえる仕事を成し遂げる（ピグマリオン効果）。

セオリー⑥　食事中は相手を信じやすくなる
→　相手に対して好意を持ちやすくなる（ランチョン・テクニックとして，戦略的に使われている）。

セオリー⑦　集団の中では，サクラの意見に引っ張られる
→　数人のうわさ話に１人が言い始めた悪い情報が偏見と

なって広がっていき，時間が経つと真実味が増すスリーパー効果がある（集団商法はサクラが引っ張っている）。

セオリー⑧　人に関心がなければ愛は生まれない
→　無視するという行動は，無関心といういじめとなる。

セオリー⑨　自己アピールは長所だけ
→　謙遜を先に言うと悪いイメージが先行する。

セオリー⑩　一瞬で人物像をつくる
→　自分の感覚に合う事象のみ探して人物像をイメージする。

セオリー⑪　直感的な記憶はあてにならない
→　人物評価は情報更新が必要で，間違ったイメージを持ち続ける。

セオリー⑫　権限が強いと自分の考えを過信する
→　パワハラやセクハラのタイプとなり，偉くなればなるほど頭を垂れて人に優しくする。

セオリー⑬　「ひらめき」はどうやって起きる
→　既にあるものをつなぎ合わせている，類推する力が「ひらめき」である。

セオリー⑭　「そういえば・・・」,「ということは・・・」と思う
→　ツリー状に埋め込まれた記憶を検索して答えを出している。

セオリー⑮　無から有を生み出すクリエイティブな発想法とは？
→　昔から存在しているものに角度を変えて新しい発想としている。

セオリー⑯　人をいじめると
→　自分自身が嫌になり，自分を愛せない人になる。

セオリー⑰　見るなと言われると
　　　　　→　興味が湧き，魅力的に感じてしまうのは本能である。
セオリー⑱　「やめろ」はやりたくなる，「やりなさい」はやめたくなる
　　　　　→　自分のことは自分で律したいという自己効力感で本能である。
セオリー⑲　悪いことはもっと悪いことを呼ぶ
　　　　　→　管理されない状態が続くとさらに悪くなるという割れ窓理論がある。現場では，整理整頓が事故を減らす一番効果的な手法となる。
セオリー⑳　共感こそが信頼につながる
　　　　　→　人に気持ちを分かってもらえるとその人のことを知りたくなる習性を好意の返報性という。
セオリー㉑　集団のサイズで力の出し方が違う
　　　　　→　綱引き実験では，2人93％，3人85％，8人49％の力しか出さない。集団では自然と手抜きが起こるので，班編成は3人が最もよい状況をつくり出す。

以上の21の心理学のセオリーは，現場で利用することができそうなものばかりです。一歩上いく現場の運営には，心理学を利用すると面白さが増してきますので，定期的に本を眺めることは，知識の確認になります。

・しつこく考える癖をつける

　現場代理人は，工事に関わったその時から，終着点を考えて現場を運営することになります。工事途中でのトラブルも見据えているので，トラブルが発生しても想定の範囲ということになりますが，施工方法，安全な作業方法，周辺環境への影響，工程の進捗管理，品質と利益の確保については，常に考えていなければなりません。特に，施工手順や施工方法は，「これでよいのだろうか？」，「他にもっとよい方法がないだろうか？」を繰り

返し自問自答することが必要です。

　また,「安全な作業手順通りに現場の状況が推移しているか？」,「周辺の環境に変化が起きていないか？」,「自分が気付いていないことはないだろうか？」と気配りをしていかなければなりません。現場の変化の幅と現場の状況の把握を繰り返して,「もっとよい施工方法はないか？」,「安全で利益の上がる方法はないか？」,「工程を短縮するにはどうしたらよいか？」をしつこく考える癖を身に付けてください。しつこく考え続けることが,現場に対して新しい状況認識を生み,施工方法の選択肢の幅を広げることにつながります。

　「**(17) コストダウンするスキル**」(P147) で詳述しますが,斬新な発想とは,「パッとひらめく」のではなく,**「しつこく考える」**という癖から生まれる結果なのです。設計変更のネタについては,毎日の繰り返しの「しつこく考える癖」によって発想することができるようになります。

● 現場代理人は笑顔で優しくが極意

　現場代理人は,現場の運営を会社から任され,自分の好きなようにやれる力が与えられます。現場では絶対の権限を持つことになるのです。権力を持つと,言葉に重さが加わります。部下もよほどのことでない限り,反論を唱える者はいません。協力業者でさえも言うことを聞いてくれます。だからこそ,現場代理人の態度は気を付ける必要があります。

　そこで,理想の現場代理人像を考えてみましょう。

　①誰にでも相手を優先する気持ちで接する

　②表情は,話しかけやすい優しい顔を心がける

　③作業員の一人一人に笑顔であいさつをする

　④笑顔で話をしたり聞いたりする

　⑤言葉使いは,相手が聞き取りやすい音量や速度で,相手にふさわしい敬語を正しく使い,専門用語を使わずに相手に分かるようにする

⑥身だしなみは，会社のユニホームを着用し，汚れやシワなどがないようにする

　今まで述べてきたことのまとめみたいになっていますが，この６項目は現場代理人に備えてもらいたい人物像です。

　現場代理人には権力が集中しますが，「俺は偉いぞ」というそぶりは必要ありません。必要なのは，人格（権力も同じ）の高い人ほど相手に対して態度が謙虚であるという「実るほど頭を垂れる稲穂かな」のことわざ通りの行動を身に付けることです。

　しかし，現場代理人として，いつもそのようなことわざ通りに行動してはいられないと考えがちなので，これだけは覚えて守ってもらいたいことがあります。それは，**「現場代理人は，笑顔で優しくあれ」**ということです。

　この言葉は，全てに通じる行動の原点となり，あらゆる箴言・格言が集約された生き方の極意となります。合言葉は，「笑顔で優しく」です。実践してみてください。

● 不安をすぐに吐き出すテクニック

　設計図書と現地が違い仮設工事に取りかかれない，協力業者の手配がうまくできない，実行予算では赤字となっている・・・など，現場代理人のモチベーションを下げるたくさんのことに対して，頭が混乱してしまうことがあると思います。そのようなトラブルが３つ以上あると，精神的に何ともいえない重たいモヤモヤが現場代理人の心を蝕み始めます。そのうちに不安を増大させ，やる気を奪っていき，時間とともに現場運営を苦しみに変えていきます。

　すると，その苦しさが睡眠の質を低下させるようになります。良質な睡眠が得られなくなると，「自分は能力がないのだろうか？」とまさに自分で自分をうつ状態に追い込んでいくようになります。ここで，悪い自己呪縛を解消しないと「この職業に向いていない」，「現場から逃げ出したい」

となり，仕事が嫌になり，最悪のケースが訪れます。

　自分自身の心の状態を確認する方法は簡単です。それは，自分自身の睡眠の質に注意を払うことなのです。眠れない夜が訪れた時が，その時です。眠れないからと夜中に起きだしてはいけません。まして酒でも飲んで寝ようと考えると最悪な夜となります。眠れなくても必ず横になっていてください。全く眠れない夜はありません。寝付くまでに時間はかかりますが，体は正直ですから疲れとともに眠りに就くことができます。こんなことを考えていては朝まで眠れなくなってしまうからと「眠ろう，眠ろう」と焦ってもいけません。自分の睡眠時間が，7時間なら7時間は横になっていてください。脳はモヤモヤして起きているようでも横になることで身体を休息させることができます。眠れないから夜中に起きだすと，身体まで休ませることができないからです。「眠れなかった翌日は，早く眠くなるから心配ない」と呪文を繰り返して唱えてください。この呪文は確実に自分をマインドコントロールすることができます。この呪文によって，翌日は良質な睡眠を迎えることが可能になります。

　呪文ともう一つ，眠れなかった日の翌日にしなければならないことがあります。前に記したことで繰り返しになりますが，折れない心を維持するため「今，何が不安なのか？」を書き出してください。自分自身を不安にしている原因を紙に書き出して見ると，その数は意外に少なく，こんなことが不安で眠れなかったのかと驚きます。不安が2項目以下の場合は，自分自身でしっかりと認識できているので，眠れない夜はもうこないでしょう。しかし，3項目以上になると眠れない夜が訪れるようになります。紙に書いた不安の原因が明確になれば，その中で一番解決しやすいものから取り除くようにしてください。解決が難しい不安から取りかかると，解決するのに時間がかかり別の不安が発生してしまいます。

　現場代理人は，現場を運営するために多くの不安を抱えて仕事をしていくことになりますが，今抱えている不安を明確にしてしまうと，この不安

(すなわち仕事)を人に振ることが可能になります。「この不安は,部下に任せる」,「この不安は,会社に支援をお願いする」,「この不安は,協力業者に任せよう」という具合に,「自分一人で解決するのではなく,チームとして解決していけばよいのだ」という考え方ができるようになるからです。

不安の原因は,将来こなすべき仕事と考えてください。**「眠れない夜は,時間通り横になり,翌日に不安であるやるべき仕事を書き出して,人に任せよう」**と考えて,不安を抱え込まないようにしてください。部下や会社,協力業者に仕事を振ることができるようになると,心に浮かぶ不安に前向きに対処できるようになります。このような「不安をすぐに吐き出すテクニック」を身に付ければ,現場のトラブル発生が面白くなります。仕事が楽しくなるので,やりがいがあると考えてください。

● 利益を稼ぎ出すために変化を楽しむ

現場代理人は社長の代理として全ての責任を負うのです。したがって,不安なんかに押しつぶされて,利益が上がりませんでしたとは言っていられません。現場代理人が稼いだ利益で自らの給料を確保し,社長や他の従業員の給料も叩き出さなくては仕事をしている意味がありません。安全を第一とし,品質のよい製品を提供して,利益を稼ぎ出すことが,現場代理人の職務なのです。利益を確保することができれば,「現場運営は不安で大変だ」から「現場は面白い」に変化していきます。現場で利益を叩き出すことは,自らできる現場代理人教育法で,自身を成長させてくれる唯一の方法と考えてください。

現場代理人は貪欲に諦めずに不安を仕事に変化させ,利益を確保することが自らの成長になると思ってください。不安が仕事につながると考えれば,定期的に襲ってくる眠れない夜をも楽しめるようになるのです。前にもお話ししましたが,トラブルはチャンスです。

技術者は考えることが好きなのです。「儲からないからどうしようか？」と悩むから技術者としてのやりがいがあるのです。「段取りを変えてみたら工程が縮まった」，「協力業者に意見を求めたら，手順を変更するだけで単価が20％下がった」，「部下の発言に触発され問題を解決できた」など，「常に考える」という姿勢があれば部下に浸透し，協力業者も協力してくれるようになります。毎日の朝礼や作業打ち合わせの時の，現場代理人による熱い情熱のある話や問いかけが現場を活性化していきます。

　1つの現場が終了し，次の現場が始まるなど，現場が変わるたびに同じ協力業者とタッグを組んで現場を進めることは，悪いことではありません。利益が確保できている時はよいでしょう。しかし，今回の工事は初期段階からどうしても利益が確保できないという問題がある時には，思い切って新しい協力業者を使ってみてください。変化は利益を生む源泉と考えて，いつもやっているルーチンを見直すことが必要な時もあります。

　利益は，必ず確保してください。利益がなければ，生き残れません。生き残るためには，利益を上げる工夫をして，熱い情熱もって不安を仕事に変えながら，現場代理人という役を楽しんでください。

⑬ 交渉するスキル

　現場代理人は，利益を確保しなければいけません。しかし，「現場を一生懸命運営しているが，発注者が設計変更を認めてくれないから，利益を上げることは難しい」と言い訳を考えながら，諦めていませんか？　現場代理人の精神的な悩みと利益を上げなくてもよいという話は同列ではありません。現場運営がどんなに忙しくても，辛くても大変でも，現場代理人は利益を上げなくてはいけないのです。

　利益が上がるということは，Q（品質）C（原価・コスト）D（工程）S（安全）E（環境）において，最高の状態を確保できたということです。「終わりよければ全てよし」という言葉がありますが，まさにその通りで，

「利益が上がれば全てよし」となります。

　建設業は，積算体系が整備され，暴利を得ることなどできない仕組みになっています。IT業界やメーカーは，その商品の価値を認めてもらえば，材料費と製作費と利益を乗せた基本ベースを確保し，流通費を上乗せして市場に出せるので，商品がヒットすれば生き残れます。ヒット商品の開発は難しいですが，商品価格には利益が最初から含まれているので，会社は生き残れます。しかし，積算体系通りに価格が決まっている公共工事ではヒット商品など望む術もありません。現場一つ一つが商品と考えても，全ての工事に利益が確実に含まれているとは限りません。

　ましてや，発注者側の積算ミスやコンサルタントの施工技術に対する理解不足などが原因で，受注してから詳細の検討に入るとまともな積算がなされている工事は，現実には少ないようです。そんな工事を担当しなければならない現場代理人は，積算ミスや施工不可能な施工計画で受注した工事では，利益など上げられるわけがないとテンションが下がります。

　しかし，ここで諦めては，現場代理人になった面白さは一生分かりません。最初から利益の上がる工事はないと思えば心は軽くなります。ここからが，現場代理人を成長させてくれる，利益を上げる施策を考えることになるのです。そのためには，積算体系の中身を勉強しておく必要があります。工種の代価の中身を理解していると，積算時の考え方と当該現場との相違が見えてきます。積算の中身に相違があれば当然として利益は望めませんし，利益が出ないことには会社が生き残れません。

　では，現場代理人はどうすればよいのでしょうか？

　もし，現場代理人が積算時の考え方と当該現場の相違を見つけられれば，発注者にその相違を理解してもらい，現場に即した単価に変更してもらえるように交渉をすることになります。工事内容を変更せずに現場に即した単価に変更するためには，不手際がありましたという理由が必要になります。しかし，発注者は間違いましたとはなかなか言い出せません。そこで，

発注時の工法より，工事費は安くなり，品質が同等で，安全な施工ができる工法を提案して変更してもらうことになります。このように設計変更に持っていくことが，交渉するスキルとして重要なのです。

• 交渉は相手を打ち負かすことではない

交渉というとネゴシエイター（交渉人）という言葉が頭に浮かびます。相手を打ち負かすようなイメージを受けてしまうのは私だけではないと思います。しかし，現場代理人がしなければならない交渉とは，発注者と敵対的な関係を持つことではなく，相互に生産的な関係として，双方の課題を解決するためのプロセスだと考えてください。簡単にいえば，交渉とは相手を打ち負かすのではなく，お互いの利益になるように落とし所を探ることだ，と考えてください。

では，発注者の課題を考えてみましょう。

　　□発注者の課題
　　　①会計検査対策をどうするか？
　　　②工事費の増加をいかに抑えるか？
　　　③高品質の製品を納品してもらえるか？
　　　④事故なく安全に工事を進められるか？
　　　⑤工期を守り工事を完了させるか？

以上の発注者の課題から交渉の戦略を検討すると

　　□課題の解決策
　　　①変更する工法は，工事金額が同額か，少し安い工法を提案する
　　　②変更する工法は，品質が同等かそれ以上の品質が確保できる工法とする
　　　③安全な施工計画を立案する
　　　④変更する工法は，工期短縮が可能な工法とする

ということになります。そこで重要なのは，利益率の悪い工法を利益率

が高い工法に変更することなのです。発注者側による積算ミスやコンサルタントが考えた施工計画では，工事の遂行が難しいと理解してもらえれば，設計変更に理解を示してくれます。

　公共事業の場合，契約約款上では甲と乙が対等であるとして契約が成立しますが，甲と乙が対等と考えている発注者は一人もいません。税金でインフラを整備しているので，甲と乙が対等であると言っていたら世論はどのようなことになるかは，想像しただけで発注者は震え上がってしまうことになります。対等ではないから，弱い立場である請負業者に優れた技術力と施工計画の立案能力が必要になるのです。

　以上から，現場代理人に限らず，技術力の研鑽は必要条件となっています。発注者の積算ミスやコンサルタントの未熟な施工技術のおかげで，当該現場に即した設計変更ができるのだと喜んでください。間違っても，発注者とコンサルタントに「施工の技術力を高めて欲しい」なんて，大きな声で言ってはいけません。全ての工事が設計通りにできることになれば，建設会社の存在意義はなくなり，マネジメントをする意義を見出すことができなくなります。発注者と専門業者だけで公共工事を完成することが可能になるからです。

　公共工事を進めていく上で，発注者が近隣住民対策や苦情処理を全て行い，工事管理をしていたら，人件費の増大とクレームによって工事は全てストップし，経費の増大となり，破綻する自治体が出てきますし，国も破綻することになるでしょう。それこそ，税金の無駄使いになってしまいます。民間にできることは民間にやらせるからコストダウンが可能になるのであって，直轄で行うメリットは見出せないといってもよいでしょう。

　建設会社の存在意義はそこにあるのです。完璧でない工事の発注があるからこそ，必ず設計変更が必要となってくるので，現場代理人が活躍する場があり，交渉力を身に付けなければならないのです。しかし，対等でない発注者が相手となりますので，必ず交渉の前段階までに担当者の信頼を

得ていることが，交渉力の基本となることを忘れないでください。

> ● 交渉は、お互いの利益を追求する！！
> ● 設計変更は、最後まであきらめない！！
> ● 交渉は、相手を知って対策を考えれば良い！！

交渉は相手に勝つことではないんだ！！！

交渉することは楽しいことなんだ！！

現場代理人

• 最後まで諦めるな

　設計変更や追加工事の価格は，工事終了時に決まることが多いので，現場代理人の心の負担は大きいものとなります。工事費が決定するまで，心のモヤモヤは晴れることはありません。現場代理人にとって大きな心の敵となります。そこで，工事費の決定が最後になるだろうことを想定して，現場代理人は手を打つ必要があります。

　では，工事の途中で設計変更や追加工事を行う時は，どのような手順で工事を進めればよいかを考えていきましょう。まず，工事変更指示をもらい契約に先行して工事を開始することになります。次に，協力業者への発注業務へと続きますが，この時に問題が出てきます。それは，発注者からもらえる工事金額が分からないことです。建設会社には下請契約を先行して契約完了後に工事を開始するよう施工体制の指導がありますが，発注者と建設会社との間は請け負けと言われるように，発注者は工事費を決めずに先行して工事をスタートさせることになります。この構造は国や自治体

でも同じなので，現場代理人はこうした状況に慣れる必要があります。

　そこで，現場代理人は発注者の積算要領に沿って，変更工事のおおよその工事金額を計算します。この工事金額に経費率を乗じて，工事金額に上乗せします。さらにこの金額に，受注した時の落札価格を予定価格で割った時の比率（落札率）を乗じます。発注者と契約をする妥当な工事費ということになりますが，この金額で協力業者に発注してしまうと，設計変更や追加工事を行っても手元にはお金が残らないことになります。

　また悪いことに，設計変更や追加工事をやると全体の受注金額が大きくなるので，会社に上納する経費分が増え，利益が減ることになります。工期の延長がなければ現場管理費は変わらないので，発注者の工事費を正確に把握して，差額が手元に残るように考えて協力業者へ工事を発注すれば利益を確保することができます。工期が延長になる場合は，現場管理費が増加していきますので，慎重に損益予測を行い協力業者への工事金額を決定してください。

　設計変更工事や追加工事が採算割れということにならないために，発注者の積算要領を理解し，発注者が計算する工事金額を把握できるようにしてください。繰り返しますが，全体の工事金額が増えるので，会社に納める一般管理費はその分多くなります。

　結局，現場の採算として利益は変わらなかったとならないように，単純ではないので損益予測をしっかりと行っておいてください。請負金額が増えたことは会社にとっては喜ばしいことですが，現場代理人の評価につながるように利益アップが目に見えるようにしておきましょう。

　協力業者への発注金額が決まれば，設計変更や追加工事を施工してもらえる協力業者を探さなくてはなりません。現場で共に工事を遂行している協力業者にお願いできれば問題ないのですが，他に協力をしてもらえる業者を探さなければならない時には，会社の支援を仰ぐなどして発注することになります。

もし，忙しさと面倒くささを理由に，発注者が算定するおおよその工事金額を把握せずに時が過ぎると，設計変更や追加工事について協力業者の見積額を鵜呑みにして発注してしまうことになります。発注者からもらえる工事金額を超えて発注してしまうと，どんどん赤字が膨らんでしまうことになります。そのような曖昧な発注をしていると，発注者が算定する工事費がいくらになるか不安で一杯になり，精神的な負担は相当なものになります。精神的な不安を和らげるためには，発注者が算定する工事費を把握してから，協力業者と合意した金額で契約を行うようにしなければなりません。そうすれば，幾分は楽になれるというところです。

　実際は，最後まで不安は消えることはありませんが，経験を積むことで心の負担を最小限にすることができるようになります。こういう場面は，現場代理人として一番プレッシャーのかかるところでありますが，心が折れないように少し楽観的に考えることが大切です。いくら発注者が算定する工事費が分かっていても，その通りにもらえる保証はありませんので，できる限り協力業者への発注金額を抑えて発注することを心がけてください。

　また，現場と設計に相違があり設計変更を行う場合，現場代理人がこれについては変更が難しいなと諦めたら，絶対にそれ以上変更もできないし利益も上げることはできません。たとえ上司が，「あのようにしたらどうか？　こうしてみよう」とアドバイスしても，当の現場代理人が「もうこれでダメだ。これで終わりだ。これ以上はもう変更ができない」と思った瞬間に全てはストップします。現場代理人が諦めた瞬間に，現場の利益が確定してしまいます。利益は，会社を存続させるために，自分の給料を確保するために，絶対に必要ですから，現場代理人は最後まで諦めてはいけません。

　工事最終時点の変更金額の決定においても，諦めてはいけません。現場代理人は，社長の代わりです。全権をもって，１円でも多くの工事金額を

獲得する役割を担っていますので，最後まで諦めないでください。工事金額が決定する最後の1時間前でも発注者と諦めずに話し合いをしてください。

そのためには，発注者が使用する積算要領の内容を理解し，発注者が「これなら大丈夫だ」と思ってもらえる提案をしていくことこそが，利益を生み出す一歩となるのです。利益を上げるのは大変なことですが，経験を積むと面白さに変わって，楽しむことができるようになるから不思議です。**交渉は，最後まで諦めないでください。**

● 20％ルールに対抗するには

請負業者は，協力業者から見積りを取り，合意の上で契約をして工事を進めるよう指導されていますが，発注者と請負業者の間にはそのような実態はありません。前にも記しましたが，昭和44年3月31日付け建設省官房長から各地方建設局長あての「設計変更に伴う契約変更の取扱いについて」の中に，請負代金20％以下の軽微な設計変更は工期の末に行ってよいとあります。この通知によって，設計変更金額をその時点で決めなくてよいという慣習になっているのです。

発注の担当者の中には，先行して工事を行わせ，後で工事費を決めればよいのだからと思い，工期末になってから20％超えないように何かと理屈をつけて，工事金額の削減を迫ることもあります。発注者からすれば，税金で賄っているのだから無駄遣いはできないと言いたいでしょう。しかし，先行して設計変更金額を決定してから工事に取りかかるという手順であれば，現場代理人の不安は解消されることになります。提示された工事金額がどうやっても現場の条件に合わない時には，その時点で請負業者として合意はできないことになります。合意できないのであれば，工事は事実上ストップになります。工期を厳守するという観点から考えると追加工事をしなければ先に進むことができないので，請負業者として請け負けに

なってしまい，現場代理人の心はズタズタに折れて意欲が半減してしまいます。

最悪なのは，担当者が設計変更を認めますと言って工事を先行させた後に，工事費を算定する部署から，理由が立たないから設計変更できませんと簡単に処理されることもあります。この理不尽がまかり通るので，請け負けとなって現場代理人を辞めたくなる人が出てくることが残念でなりません。

発注者の考え方が分かれば予測ができますので，現場代理人は重くのしかかる精神的なプレッシャーから逃れることができます。では，発注者の考え方を忖度（そんたく）してみましょう。工事費の増加は発注者の最も嫌がるところで，「30%を超える設計変更は当初の設計の考え方が違っていた」と考え，別途工事として発注するよう指導されているようです。発注の担当者は，税金を使って工事を発注しているから「間違っていました」とは簡単に言えないので，どうしても工事費の増額金額を20%以内（軽微な変更）に収めたいと考える傾向にあります。

また，請負金額の20%を超えるもしくは4,000万円を超える設計変更については，その時点で総括監督員と契約担当官の承認が必要になります。したがって，上司に承諾を得る必要がある設計変更金額が20%を超える変更は，説明資料作りや自分の落ち度ではない理由を一生懸命考えなければならないことになります。担当者の落ち度ではないにしても，その理由と説明資料作りは大変な作業となりますので，ほとんどの担当者は現場代理人のために進んで動いてくれることはないようです。

逆に，現場代理人は，「20%までは増額変更ができる」と考えることができます。当初の工事内容で設計変更に伴い減額できる工種があるとすれば，プラスマイナスすれば少しの増額でよいことになります。ここがポイントなのです。設計変更では，増額する工種だけでなく，減額する工種を抱き合わせるのです。

お金のない地方自治体では，工事金額が増額になることを極端に嫌うようです。担当者によっては，設計変更の増額はあり得ないと最初から現場代理人にプレッシャーをかけることが多いと聞いています。しかし，減額変更は，見つけ次第容赦なく，「間違っていたから」と一方的に処理されるケースもあります（減額変更は，担当者の評価につながるようです）。

　また，地方自治体では余分なお金はない等の理由で，「ない袖は振れない」ということもあるでしょう。余裕のない苦しい地方自治体では，増額は大半はあり得ないと考えてください。地方自治体の工事では，増額する工種と減額する工種を合わせてプラスマイナス０となるように金額の変更が伴わないよう設計変更戦略を考えていくことになります。くどいようですが，議会の承認が必要だったり，担当者の設計変更に対する意欲もなかったりする地方自治体では，増額変更はまずないものと考えてください。簡単なことですがこれらを理解していれば，現場運営を迷うことはありません。

　提供する製品の質を変えることなく，安全な工種に変更することを常に考えて，発注者に提案していくことが賢い現場代理人の基本となります。また，担当者に信頼されて提案を聞いてもらうためには，現場代理人のコミュニケーション能力が問われることになります。現場代理人に落ち度があって信頼を失ったら，設計変更などほとんど認めてもらえなくなりますので「真心を込めて立派な仕事しよう」という姿勢が必要になります。

⓴ 円滑な作業環境をつくるスキル

　ニューヨークの地下鉄は，凶悪犯罪が起こるので危険でしたが，「地下鉄の落書きを全て消すこと」と「無賃乗車などの軽犯罪を徹底して取り締まること」を７年間にわたり実施したところ，地下鉄内での凶悪犯罪が激減したそうです。

　ニューヨーク市は，街区や公園の落書きをきれいにし，特に未成年者の落書きに対しては保護者に責任を追及し，監視カメラを多数配置し，破壊

行為の取り締まりを強化し，過剰な騒音を取り締まり，街路を清潔にしたら4年間で全犯罪件数が40％も低下したそうです。

「心理学のセオリーを使え」（P106）の中で先に触れましたが，1枚のガラスが割れ放置されていると，「直す人がいない」,「誰も気にしていない」と近隣の窓が割られるようになり，「何をしても平気だぞ」,「悪事を働いてもよさそうだ」と，無秩序な状態が続くことで凶悪犯罪が発生するという犯罪学者ジョージ・ケリングの「割れ窓理論」があります。

これらの共通点は，管理されている状態をつくり出せば，犯罪は減るもしくは起こらないということです。「落書きを消す」,「街路を清潔にする」,「取り締まりを強化する」などを長期間にわたり行ったということは，管理された状態を維持し続けたということになります。真の犯罪防止策かどうかは判断しづらいですが，管理された状態を維持することが犯罪を減少させたという結果になります。なんだか安全管理と似ていませんか？　不安全な状態をそのままにしていると事故が発生すると言われています。

不安全な状態を安全な状態へと変えることで事故が発生しないということは，管理された状態もしくは安全な状態を維持していることになります。現場代理人は，常時と違う不安全な状態を見逃さずすぐに対応して，安全な状態にすることが安全を管理していることになります。そして，その安全な状態を維持することが必要となります。

さて，現場代理人が現場を巡回している時に現場に空き缶が落ちていた場合,「誰かが拾うだろう」と通り過ぎたとして,「誰かが拾ってくれる」ことはあり得るでしょうか？　「誰かが拾うだろう」と考えたことは，管理された状態を現場代理人が維持していることになるのでしょうか？　たかが空き缶ですが，1週間以上のそのままであったら，新規に入場してきた人たちに，この現場は安全に対して「ゆるい現場だ」と値踏みされることになります。現場は多くの人々の協力を得て工事を遂行していきますが，実は多くの人々がいることが問題なのです。**「心理学のセオリーを使え」**

(P106)の中で紹介した「集団のサイズで力の出し方が違う」というセオリーですが,「集団では自然と手抜きが起こる」という心理学の実験結果です。現場は少なくとも8人以上の集団となりますが,どの程度安全意識が低下するかは心理学では検証されていません。

もし,このセオリー通りに集団になると50％近く安全意識が低下するのであれば,「整理整頓は誰かがやるだろう」,「トイレの清掃は誰かがやるだろう」,「落ちている空き缶は誰かが拾うだろう」と働いている人々が思ってしまうのは当然となります。

現場代理人が,「事故の芽を摘み取りたい」と考えるのであれば**「人任せでは安全は確保できない」**と心に刻みましょう。安全意識を高揚させるには,現場代理人が自ら率先垂範する以外にありません。確実な安全管理とは,日々行わなければならない決め事を徹底することなのです。もし,現場代理人が「誰かが拾うだろう」と思って,空き缶を拾わずにそのままにしたら,事故の芽は確実に育つことになると考えてください。

• 部下への気配りが重要

管理された状態とは,今後予想される事象について現場代理人がどのくらい気配りをするかにかかってきます。部下への気配りですが,毎日部下全員に一人一人声をかけて会話を持つようにしていますか？ 特に,部下の家庭事情に関する何気ないヒアリングは,現場運営において大切な確認作業となります。ヒアリングは部下とのコミュニケーションを向上させる効果があります。また,部下が素直に家庭事情を話していれば,現場代理人と部下の信頼関係が良好であると確認することができます。

家庭事情の話をする時期は,盆休み後,正月明けが最適です。故郷に帰ってきたことで,土産話はたくさんあるはずで,話が盛り上がることは間違いありません。この時期に話をするにはもう一つの理由があるのです。故郷に帰ると両親から「そろそろ国へ帰ってこいよ」と両親に説得されて,

心の中で葛藤しているかもしれないからです。定期的に話をしているとその変化を感じ取ることができます。

そんなことを気にせずに部下の状態を観察しないでいるとどうなるでしょうか？　部下の雰囲気が，里帰りしてから現場で元気がない状態であったら問題です。元気がない様子が見て取れたなら，そのままにしてはいけません。故郷の両親に，「国へ帰ってこい」と言われたかなと予測して，何気なく話を聞くようにしてください。元気がないのは正月に故郷に帰って飲み過ぎて体調を壊したのだろうと思っていると，2月の初旬あたりに「会社を辞めたい」と話が出てきます。故郷へ帰って，3月の初めには故郷で準備をするため帰らなければならない，などと話を切り出してきます。もうそこでは遅いのです。

現場代理人は慌てて，「竣工検査は3月の25日だ」，「3月25日までいてくれないと困る」と言っても後の祭りです。腹を決めた人は強いですから，会社に辞表を提出します。ましてや，現場代理人と良好なコミュニケーションがとれていない場合は，つれないものです。両親からも義理を欠いても帰ってきなさいと言われますので，当然，現場代理人の話を聞いてくれることはありません。3月の初旬で会社を辞めて故郷へ帰ってしまいます。

さて，現場代理人は会社に部下の補充をお願いしますが，年度末に会社に人材の余裕があるとは思えません。そうなると結局，現場代理人自身が徹夜しながら工事を完成させなければなりません。正月明けにいろいろな話をして事前に聞いていれば，と気配り不足を後悔することになります。1月の時点で分かっていれば，会社にも人材の確保が可能だったであろうと自身の管理能力にがっかりすることになります。そういうところにも気配りが必要なのです。現場代理人は，正月休暇や盆休暇で故郷に帰ってきた部下に対して特にコミュニケーションを密にしておく必要があります。

付け加えますが，家庭事情は部下の奥さん情報もあるといいですね。例えば，奥さんのご両親が故郷の名士であったりすると，夫である部下の職

場が用意されて奥さん側から故郷へ帰ろうという話が出ることがあります。

現場代理人の家庭情報の提供も必要ですが，部下の奥さんの実家情報も話してもらえるような上司と部下の関係を築いておくことが必要です。部下への気配りは，工事を遂行する上で重要なことです。

- **情報は部下全員に伝達し情報のムラをつくらない**

現場代理人が発注者と行う打ち合わせ内容は，部下全員に伝えて毎日共有するようにしてください。発注者との打ち合わせでは，A工法で施工する段取りだったものが，次の日にはB工法に変更になることもあります。このような大きな変更であれば情報は部下に間違いなく伝達されますが，スペックに関する些細な変更などは，現場代理人が忘れてしまうことがあるので，先の**「(7) 発注者の信頼を獲得するためのスキル」**(P56) でも触れましたが，発注者と打ち合わせした内容は必ずメモしておくことを心がけてください。情報の伝達忘れは，手直しや段取り変えなどで思わぬ落とし穴になります。

「(2) 現場の問題点を予測するスキル」(P24) で触れた情報を共有し

て予測する問題解決会議ですが，これを定期的に開催し，現場の節目では会社の管理者も含めて現状を把握することを勧めます。現場以外の人の意見は，現場に固執していないので，新鮮なアイデアが出て意外な展開となる時があります。また，新入社員の突飛な発想や意見が起死回生のヒットとなることもあります。

さらに，休暇明けの時期には自身も部下も緩んでいるので，今後の現場把握と情報共有のために問題解決会議を実施して，竣工検査までの残工事や書類の整備にかかる時間などを打ち合わせて分担する業務を明確化しておくことも忘れないようにしてください。業務の確認作業も重要な情報共有の手段であり，実践してほしいと思います。

• 協力業者との段取りの変更は部下を同席させて行う

部下に仕事を任せるということは，現場代理人が部下を信頼しているという意思表示になります。部下の段取りが自分の考えている段取りと違いコストがかかりそうなので，部下の段取りを変更したい時に，部下を飛び越えて協力業者に話をして変更してしまうと信頼関係が一気に崩壊します。部下の顔をつぶしてしまうことになりますし，協力業者からも段取りが無駄になってしまったと言われることになります。

そういう時は，まず部下と話をして納得してもらい，部下から段取りの変更を協力業者に指示するようにしましょう。部下が段取り変更を協力業者に指示しづらい場合には，部下の同席のもと協力業者にお願いをしてください。この手順を守らないと，協力業者は段取り変更に不満を持つことになり，部下は自分が信頼されていないと考えるようになります。部下との信頼関係を維持するためには，現場代理人の独断専行は慎んでください。

• 現場代理人は部下を怒らない

現場代理人となったからには，部下を怒らないようにしてください。若

い部下であれば，現場代理人より経験は少ないので，至らないところが目につきやすいことになります。まして，新入社員であればなおさらです。怒らないことが，部下を成長させるテクニックと考えてください。怒られた本人は一生忘れることはありません。しかし，怒った方はすぐに忘れてしまいます。怒った方の理由は，「ミスして利益を圧迫したから」，「指示したことをやらないから」，「技術やスペックを勉強しないから」，「常識がないから」と数多く並べられますが，怒られた部下は理由を理解しないまま下を向くことになります。怒られれば怒られるほど委縮していきます。反論をしようにも矢継ぎ早の言葉の攻撃に話す勇気は失せてしまいます。

　ここまで来ると，怒る方が切れて，「おまえはいくら言っても分からない」，「おまえを信用できない」，「給料を払うのがもったいない」などとここまでくれば，パワハラとなり犯罪です。もし，部下に訴えられたら，怒った方が会社を去ることになります。

　人間は，怒り続けるとエスカレートしてしまいます。怒り続けていると言葉が暴力となって相手を傷つけていることが，分からなくなってしまうのです。だから，**「部下を怒らない」**で指導する方法を考えてください。現場代理人は寛容で優しくなければ，部下を育てることはできません。訴えられることがないように，頭に血が上りカッとなってしまった時は，一人で車に乗って大声を出しましょう。誰も聞いていなければ犯罪にはなりません。ストレスの解消にもなります。しかし，運転には注意してください。

> 言われたことをどうしてやらないんだ。おまえはいくら言っても分からないヤツだ。
>
> 怒った方は忘れてしまうが、怒られた方は一生覚えているよ！！怒ったら部下は育たない！
>
> この人にはついていけない。現場を変わりたいな。

現場代理人　　　　　　　　　　　　　　　　部下

　また，現場全体で特定の部下をマイナスなターゲットにしたりしていると，現場は崩壊することになります。現場代理人は，そのような兆候が見えたら，全員に姿勢を正すように指導してください。仮に現場代理人が，自ら姿勢を正さなくてはならない状態では現場の結束を維持することは不可能です。そうならないためには，「部下を怒らない」という戒めを常に心の真ん中に持ち続けましょう。重要なので繰り返しますが，円滑な現場環境を創るには，**「自らが戒めなければならない」**と心得てください。

- 松下幸之助は，掃除が大切と説いている

　掃除は，さまざまな気付きを教えてくれます。継続して掃除をしていると，どうしてここは汚れてしまうのだろうと考えるようになります。汚れないようにするにはどうしたらよいかアイデアを出せば，省力化になります。また，掃除をしていると全体を見渡す視線を養うことができます。汚いところがよく見えるようになり，キレイにしたくなるようになります。松下幸之助は，掃除をすることは大切なことと説いています。「掃除は，

人を高いレベルに押し上げてくれる」と思ってください。

> 決めた事は必ず継続していこう。
>
> 松下幸之助は、掃除が大切と説いている。現場の整理整頓は事故を防止する力があるな！！トイレも毎日掃除をしよう
>
> 掃除がいきとどいていると気持ちが良いな！！
>
> 現場代理人

　現場事務所は，毎日清掃して清潔にしましょう。トイレも毎朝キレイにしましょう。倉庫は，週に1回整理して資材やリース機器を確認しましょう。キレイな現場は，汚さないという意識が芽生えます。汚さないという意識は，作業終了時の片付けや，資材の整理整頓につながっていきます。現場代理人は「キレイな現場を目指す」という姿勢で，自ら実践していれば，必ずキレイな現場を創造することができるようになります。

　安全協議会で，週替わりに掃除当番を決めてトイレの清掃を掲げますが，このような現場ではトイレがキレイなことはありません。どの会社も「今週は当番だ」ということを意識して仕事をしていません。したがって，トイレの清掃はやらないし，いつも汚いことになります。キレイを維持するためには，固定した人がやる以外にありません。朝一番でキレイに掃除しておけば1日気持ちがいいものです。そして汚れたらそのつど掃除をするという形をとらないと，現場は絶対にキレイになりません。

　誰に任せるのかは，現場代理人が決めてください。多分，自分でやった

方が早いかもしれません。ホースを持っていってさっと周りを洗うだけでキレイになります。毎日，汚いところをキレイにしていると掃除が楽しくなります。「継続こそ力なり」と考えてください。キレイな現場では事故の発生が少ない傾向があります。安全管理も兼ねていると考え，**「(14) 円滑な作業環境をつくるスキル」**（P123）として掃除を心がけてください。

- ## 部下の前で弱音をはかない

　現場でトラブルが発生すると，一番プレッシャーを感じるのは現場代理人ということになります。解決のためには，大変な努力をすることになると思いますが，部下の前で弱音をはくと部下も弱気になります。**「(4) 現場にトラブルが発生した時のメンタルスキル」**（P33）でも触れましたが，現場代理人の動揺は部下に伝わり，マイナスのスパイラルに入り込みます。

　トラブルの時こそ気持ちを入れ替えて，常に前向きに「うまくいく」と念仏を唱えるがごとく，平静を装う努力が必要です。弱気の芽が生じ始めたら，「うまくいく」，「うまくいく」と心の中で，繰り返してください。弱気には不安と悩みが入り込んできますが，強気でいるとパワーと勇気が出てきます。現場代理人が全権を持って現場を運営しているのですから，心が折れないようにメンタルをコントロールして，頑強な精神力を維持するようにしてください。

　くれぐれも，現場代理人の役を演じている時だけでよいのです。元の自分に戻った時は，気持ちを切り替えて，家庭に仕事を持ち込まないようにしてください。

Ⅲ 現場を把握して利益を確保するための7のスキル

　現場代理人として，現場で利益を出すことが大切なことや原価管理の具体的な手法などをまとめた内容となっています。ここでは，利益を出すための具体的なスキルとして，「現場のバイオリズムを知るスキル」，「月ごとに予算管理するスキル」，「コストダウンをするスキル」，「設計変更をするスキル」，「異常値や変化を見るスキル」の5つの手法やテクニックを紹介します。

　また，利益を出すために現場代理人自身が実践していかなければならない箴言や格言となる内容として，「発注者と良好なコミュニケーションを構築するスキル」，「自己啓発を継続するスキル」の2つを紹介します。

　私は，利益を上げるということは手法やテクニックだけではないと考えています。現場代理人として，自分自身が進化していかなければ時代に取り残されてしまい，気付いた時には自分の部下が上司となっていることはよくある話です。時代の変化を見極めながら，新たな知識を獲得して成長していくことで，部下から尊敬される上司となれるのです。若い時に始めれば簡単なことも，歳を重ねるとやりきれないことがあると理解して，「これから現場代理人を目指す人へのメッセージ」として受け止めていただければ幸いです。

　さて，利益を出さずして，自身の収入を確保することはできません。会社の存続もありません。建設会社は，利益を確保した価格で販売しているメーカーと違い，請負金額から直接工事費・仮設経費・現場管理費・人件費に一般管理費（支店経費・本社経費）を引いた残りが利益となります。会社を運営するための一般経費分まで捻出する必要があります。全てを差し引いた残りの金額が，純利益となります。

　現状は純利益まで捻出することが難しい時代です。難しい時代だからこ

そ，現場代理人は利益の確保に貪欲に執着する必要があります。利益は後からついてくる，なんて考えていたら赤字になります。赤字では会社を運営できませんし，自身の給料が上がることもありません。給料が上がらないと魅力ある仕事とはなりません。仕事に見合った報酬があるから頑張れるのですが，頑張っても同じなら努力しようという気にはならないでしょう。「自分の給料と会社の経費を自分が稼ぐ」という意気込みが自分の給料を上げることにつながります。利益が出れば税金も納めることになるので，社会全体がプラスの回転になっていきます。

　メーカーは，工場などでの品質管理は比較的簡単に異常値や変化をデータ化して分析することができますが，建設工事では現場が日々変化するので，どのデータが異常値なのかを特定するのが難しくなっています。また，トラブルが発生すると，一瞬にして奈落の底に落ちてしまいます。重大事故の発生がまさにその類です。重大事故が発生すると，順調だった工程の進捗が1〜2ヵ月の工事停止を余儀なくされ，事故対応で相当な労力を費やし，結果は全てマイナス評価となります。なぜ自分の現場に起こるのだ，と嘆いても元に戻れません。したがって，現場代理人は事故が発生しそうな兆候を見逃さない努力が必要です。

　気温が暑さから寒さまで大きなバイオリズムの動きをしているように，日々変化していることを忘れてはいけません。現場はもっと大きく日々変化しているのですから，順調に進んでいる時こそ，危険な時と考えて行動しなければなりません。しかし，現場代理人が，順調な時にしなければならないことを怠っていると，トラブルの芽は確実に育っていくことになります。日々変化している現場の状況や危険を知らせる兆候を見つけるテクニックを身に付けて，有効な手を打つようにしてください。

　気温のバイオリズムを考えてみましょう。夏至は太陽高度が最大となり，単位面積当たりの日射量は最大となりますが，逆に冬至は単位面積当たりの日射量は最小になります。

しかし，夏至は太陽エネルギーが最大になっているにも関わらず真夏ではありませんし，冬至は真冬ではありません。気温がピークを迎える1～2ヵ月前に，夏（冬）が来るというシグナルがあるのです。単位面積当たりの日射量のピークと気温のピークのズレについては，地表面温度，海水温度，偏西風などの気象現象も関係していると考えられますが，正確な原理は分かりません。しかし，このズレに注目してください。少し話が飛躍した例え話として興味深いものがあります。

> 重大事故をピークとした時，その前には小さな事故が頻発している現象があることは，「ハインリッヒの法則」として有名です。重大事故1件について，軽微な事故が29件，ヒヤリとするような事故が300件発生しているというのです。事故の法則でも，事前に兆候があることが分かっているのですから，その兆候をウォッチすることで，事故を防ぐことができるのです。気温の変化と同じように，事故も兆候を察知すれば予測が可能となります。

気温は暑さ寒さの大きなバイオリズムが狂うことはありません。しかし，現場のバイオリズムは兆候が出始めた時には既にバイオリズムが下降したシグナルであると理解してください。重大事故が起こってしまえば，一気に下降が進み上昇気流に乗せるのに長い時間がかかります。現場が竣工する最後まで，下降し続けるということも考えられます。

もし重大事故が起こらなかったら，下がりかけた現場のバイオリズムをそれ以上落ち込まないようにすることが可能となりますし，逆に上昇気流に乗せることもできるのです。したがって，現場のバイオリズムは，下降を少なく上昇が多くなるように現場代理人がコントロールしていくのです。

そのためには，本書・**「建設業・現場代理人に必要な21のスキル」**を

理解して，自分の心を戒め，率先垂範で仕事をこなし，部下を優しく指導し，自分の代わりに働いてくれていると協力業者に感謝しながら，初心を忘れず姿勢を正して，自己研鑽（けんさん）してよりよい現場運営を心がけて，利益を上げることが現場代理人の責務なのです。下降しだしたバイオリズムのシグナルを見逃さずに手を打ち，最悪の事態を回避してこそ，一人前の現場代理人となれるのです。

⑮ 現場のバイオリズムを知るスキル

　現場代理人は，現場にバイオリズムがあることを理解していなければなりません。バイオリズムが下降する兆候を見逃さないように，アンテナを立てていなければなりません。前述しましたが，現場のバイオリズムが下降する時間をできる限り短くして，上昇する時間を長くすることが基本となります。

　バイオリズムの下降しだすシグナルを考えてみましょう。
①発注者から指摘を受ける
②発注者への提出書類の期限が遅れだす
③発注者側の担当者を部下がけなし始める
④確認を怠り資材や材料が入ってこない
⑤測量を間違える
⑥人身を伴わない事故が発生しだす
⑦天気予報を確認しないで段取りをしてしまう
⑧品質に問題が発生する事態が起こる

　また，職場内のコミュニケーションがとれず食い違いが発生しだしていることにも，いち早く気付く必要があります。

　現場代理人を助けてくれる人はいないと考えてください。社長の代理となって現場を運営しているのですから，権力が集中することになります。品質の程度，工程の進捗，安全のレベル，利益の確保も自身の考えで決ま

るのです。誰にも頼るわけにいきませんが、円滑な現場運営ができればチームとしてのパワーを発揮することができます。

さらに、経験を積み上げたなら、自分なりに現場のバイオリズムが下降しだす兆候を見つけ出し、後輩に伝承してください。たくさんのスキルとアイテムを持っているオンリーワンの現場代理人には、よい部下が育ちます。いつしか伝説となり、会社の武勇伝になるように前に進んでください。

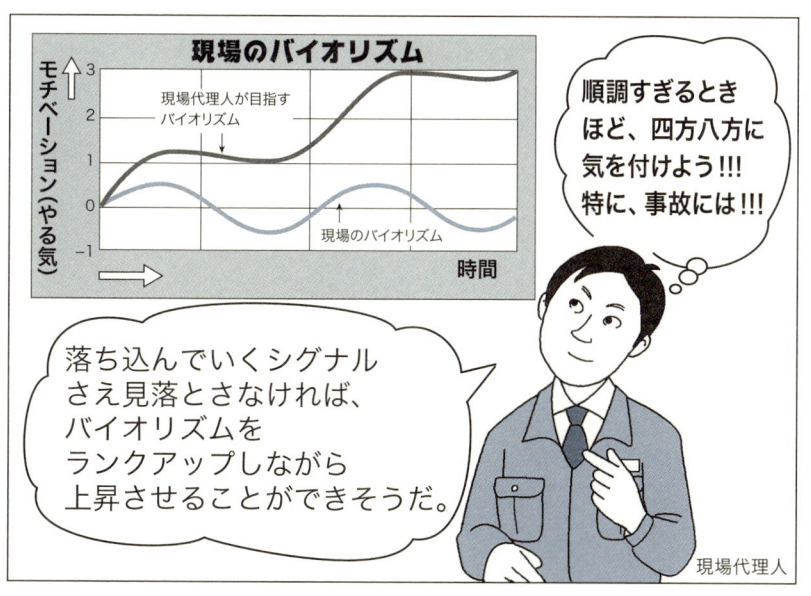

現場のバイオリズム

（グラフ：モチベーション（やる気）を縦軸、時間を横軸にとり、現場代理人が目指すバイオリズムと現場のバイオリズムを示す）

吹き出し（現場代理人）：
- 順調すぎるときほど、四方八方に気を付けよう!!! 特に、事故には!!!
- 落ち込んでいくシグナルさえ見落とさなければ、バイオリズムをランクアップしながら上昇させることができそうだ。

- **現場がスムーズな時ほど事故が発生する危険が潜んでいる**

現場が順調な時、休日もとれ、発注者とのコミュニケーションも良好で、設計変更も進んでいて、一つの問題もないと思える時こそ、できる限りの時間を使って現場を巡回してください。順調な時は、ヒヤリとした事故や軽微な事故が起こっても意外と見逃してしまったり、無事故で安全にと打ち合わせていても、現場全体が緩んだ状態だったりします。そんな時は、間違いなく奈落の底に落ちていく前兆と考えてください。無事故で安全に工事を進めている時に、現場全体が気を張った精神状態を維持していくこ

とは難しくなります。

　こんな時こそ，会社の役員パトロールを企画したり，安全部署のパトロールをお願いしたり，担当する部課長に現場を訪問してもらい，現場状況のチェックをお願いするようにしてください。第三者の目で現場を見てもらうことで，現場の空気を変える作戦をとってください。ここで，現場代理人は，安全パトロールに際して，自ら進んで徹底的に整理整頓を行いましょう。作業員から「会社の上役が怖いのだ」と陰口を叩かれるくらいに徹底的に行うと，現場が締まってきます。**現場をきれいに整理整頓することで，見えない事故の芽を摘み取ることができるのです。**

　このように，現場代理人には，現場全体を引き締める演出が必要なのです。安全だけは，これで安心ということはありません。現場全体を誘導して，さまざまな角度から現場の安全に対する士気を落とさない努力が必要となります。

• バイオリズムが上昇している時にこそ現場代理人の観察力が必要になる

　バイオリズムを上昇気流に乗せたと感じたら，現場代理人はバイオリズムが下降する兆候の観察を開始することになります。現場にはバイオリズムがありますので，上昇したら必ず下降します。下降しても必ず上昇しますが，下降の落ち込みの度合いをできる限り少なくし，上昇気流に乗せていかなければ，利益の上乗せはできません。先にお話しした下降する兆候を見つけて，早急に手を打つことが大切です。下降する兆候は，意外と忘れてしまいがちなので，手帳に下降の兆候を書き記し，定期的に見るようにしてください。

　例えば，スピーチで話すために覚えたデータを一生記憶しておこうと思っても，1ヵ月もすると忘れてしまいます。また，雑談を上手に話せるようにと思えば，話のネタを常々仕入れていないといざという時に話がで

きません。そこで，定期的に確認する項目ややるべき事柄は，毎日見る手帳に書き記しておくようにしてください。手帳が変わる時には，コピーして新しい手帳に貼り付けるのもよいでしょう。

現場代理人はバイオリズムが上昇して順調になった時から，臥薪嘗胆(がしんしょうたん)，忘れがちな下降する兆候となる確認項目を自身の手帳を見ながら現場を巡回するようにしてください。

• 初心に帰り問題点の予測を再検討する

下降しだす兆候を見つけたら，初心に帰り，情報の滞りをなくすために，第1章で紹介した**「情報を共有して問題点を予測する問題解決会議」**（P25）を行ってください。「現場のバイオリズムを上昇気流に乗せるにはまず身内から」を実践してください。

現場代理人は，下降しだした兆候を見つけたら，全員を集めて，工程表を見ながら新たに発生した問題点や新たに発生しそうな問題点を話し合いましょう。もし，現場代理人だけが知っている情報があったら，全て開示して情報の滞りをなくしましょう。会議の目的は，現場のチーム全員に，もう一度現場の問題点を洗い出させ，考えさせることなのです。

さらに，現場代理人が気付いていない問題点が見えてくる可能性がありますので，複数の目で見たことを大切にしてください。

• 現場事務所内のコミュニケーションに違和感を覚えたら

現場のチームに意思の疎通がうまくいっていないと感じた時にも，前段同様に，**「情報を共有して問題点を予測する問題解決会議」**（P25）を行ってください。この時，会議終了後の慰労会の計画を事前に周知させておき，さらなるコミュニケーションの時間を設けてください。事前に計画された慰労会は気合いが入るもので，欠席者が出ないように日程調整も抜かりないようにしてください。現場代理人は，いつも気を張っていて気が休まら

ないので大変だと考えないでください。誰でも現場代理人になれますし、誰もが自然と身に付く気配りのテクニックです。経験を積み上げれば自然体でできると考えてください。

⑯ 月ごとに原価管理するスキル

　月ごとに原価を管理するためには、実行予算がベースとなります。実行予算の作成は現場代理人にとって重要な業務となります。

　実行予算の作成の基本は「割付予算」とすることです。割付予算とは、請負金額全体に対して、利益、会社の経費、自分の給料、事務所の経費、共通仮設経費、直接工事費の比率を決めた実行予算のことです。割付予算の比率は、概ね以下の通りとなります。

　　　①純利益を10％確保する
　　　②会社の経費（7～9％）を確保する（各会社によって異なる）
　　　③自分の給料（4～6％）を確保する(配属人数によって変動する)
　　　④事務所の経費（3～5％）を確保する
　　　　（営繕費、労務管理費、租税公課、保険料、建設業退職金、法定福利費、福利厚生費、事務用品費、通信費、旅費交通費、交際費、雑費など）

　　　ここまでで、税抜き請負金額の70％以内とします。
　　　⑤共通仮設経費（3～7％）になります
　　　⑥直接工事費（60～65％）となります

　理想の実行予算比率の例としては、以下となります。

　利益10％＋会社の経費8％＋給料6％＋事務所経費5％＋共通仮設経費6％＋直接工事費65％＝100％

　以上のような比率によって実行予算が作成できれば、利益が10％確保できることになるのですが、うまくいかないのが常です。あくまでも理想の予算比率であって、直接工事費の65％が80％になってしまったら、

15％の差異が出ることになります。その15％を捻出するためには，利益の10％を0％に，会社の経費8％を3％に抑えなければなりません。給料・事務所経費・共通仮設経費は工事を遂行するのに必要なものとなりますので，直接工事費の比率が高くなれば，利益と会社の経費を削って工事を行うようになります。

つまり，赤字の工事となるわけです。それでも会社の経費だけでも確保しようとすると，事務所経費や共通仮設経費を切り詰めることになります。必要な費用は削減できないので，余裕のないギリギリの予算で現場運営をしなければならないことになります。

直接工事費については，協力業者の見積をベースに積み上げていきます。その見積通りに協力業者に発注すれば，実行予算通りの採算結果となりますが，それはトラブルや手戻り工事がないことが前提となります。しかし，トラブルは必ず発生しますし，手戻り工事によって工事金額が増えてしまうことがあります。そうなると，赤字となり，残念な結果となります。

そこで，現場代理人は，トラブルを予測して事前に手を打ち，手戻り工事が発生しないように現場を管理する必要があるのです。現場のバイオリズムを見極めながら，原価管理をしていく以外に，赤字を増やさない方法はないのです。協力業者への発注や購買に関しては，「**(17) コストダウンをするスキル**」（P147）のところでお話ししますので，この件では月ごとに原価管理をするポイントに絞ってお話しします。

> 工事日報の
> データは
> 宝だな！！！

> 毎月、損益予測を
> 行っていると
> 現場の状況が良くわかるな！！！

> 協力業者の出来高も
> 照査しておこう。

工事日報

現場代理人

- **歩掛りをとる**

　工事の日々の記録である工事日報は宝物です。工事日報には，工事情報を全て記入しておくとよいでしょう。

　工事日報に記入しておく内容は，作業内容，人員数，使用機械，搬入材料，資格者名，安全指示事項，是正指示事項，安全当番記録，所長巡視記録，検査記録（検収検査，工程内検査，発注者の立会検査），問題点記録（発生したトラブル），行事やパトロール記録，打ち合わせ者のサインなどです。工事日報は，前日の予定と違ったところは赤字で訂正するようにし，訂正された正確な作業内容と人員数，使用機械などは毎日表計算ソフトへ入力しておきましょう。

　そして，工事日報にあるデータを利用して，協力業者ごとに工種別に歩掛りを計算しておきましょう。工種別の歩掛りは，以下の式で求めることができます。

　　工種別の単位数量当たりの労務費歩掛り＝人数合計÷出来高数量
　　工種別の単位数量当たりの使用機械歩掛り＝機械数合計÷出来高数量

このように歩掛りを算定しておくことで，工程計画の立案時に正確な作業日数を計算することができるようになります。また，現場内でその歩掛りデータを共有していれば，現場代理人だけでなく，部下でも工程計画を立案できるようになります。実行予算の作成時に生きた単価を反映できるので，原価管理にも大きなメリットになります。

工事日報のデータは，毎日表計算ソフトに入力していれば多くの時間を必要としませんが，1ヵ月分をまとめてやろうとすると2時間も3時間もかかってしまいますので，工事の途中で忙しさに追われて中断してしまうことになります。安全の訓話と同じように，毎日，決まった人が行えば自然とデータ収集ができるようになります。

したがって，このような作業は，現場代理人が部下を指名して，ミッションとして遂行させるようにすれば，現場に配属された全員に生きたデータとして価値あるものとなるのです。毎日であれば時間も短くて済みますので，継続していくことができます。

● 出来高金額と常用金額を把握すると見えてくる

協力業者への支払いは，毎月，出来高数量に契約した単価を乗じて支払金額を算定します。ここで，この支払金額が，工事日報を集計した人数に日当たり人件費を乗じた常用金額と燃料代を含んだ使用機械などのリース料金と当月の経費を集計した合計金額よりも多くなっていれば問題ありません。

しかし，支払金額が常用金額よりも少ない場合は，その原因を追究しておく必要があります。2ヵ月以上も連続してくると，協力業者から採算が合わないと申し入れが来るようになります。協力業者の申し入れに対して，正確な工事日報の集計ができていないと，何とも答えようがありません。したがって，必ず月末には工事日報のデータを集計して，協力業者ごとに採算性を精査することが重要です。

協力業者の出来高金額は，毎月の締切日を基準とした出来高数量に対して請求される金額となりますが，この出来高金額には特に注意を払い毎月管理を行ってください。管理のポイントは，以下の通りとなります。
・出来高金額＞常用金額となっていれば，協力業者から苦情は出ない。
・出来高金額＜常用金額となっていると，採算が合わないと協力業者から苦情が入る。

　採算が合わない理由としては，作業手順の異常・作業員の能力不足・世話役の管理能力不足・部下の指示が違っているなどが考えられますので，原因を見極め直ちに改善策をとるようにしてください。そのままにしておくと協力業者から増額要求がくることが考えられ，出来高金額＜常用金額となって2ヵ月経過すると協力業者が元請けの指示を聞かなくなります。さらに3ヵ月も放置していると，協力業者の人数が減りだし他の現場へ流れてしまうようになります。

　協力業者の人数が減ったりすると，工程が遅れだしトラブルに発展します。契約しているからといっても，協力業者が逃げてしまったら新たに協力業者を探すはめになります。なし崩しで，契約を打ち切り，現状の出来高で清算をして，減額の契約を行い，次に工事を請け負ってくれる協力業者に対して，今以上に高い金額で契約しなければなりません。

　例えば，「部下の測量が間違っていたから2倍の費用がかかった」とか「世話役の段取りミスがあって費用がかさんだ」とか，責任が明確になっていれば，金銭のやりとりも明確になりますので，協力業者との関係もこじれずに済むことになります。いずれにしても，原因を特定して早期に対応することが一番の解決方法となりますので，月ごとに協力業者の出来高管理を実施してください。

● 今後の支出を把握すると利益が分かる

　毎月やらなければならない原価管理には，協力業者の出来高管理の他，

今後の支出金額を把握して現場の損益を予測することがあります。各現場に来る請求書を処理する時に，その請求金額を表計算ソフトに入力しておきましょう。実行予算書とリンクしていれば，予算コード別に前月までの支払済金額の合計に今月の請求金額を入力して，残工事の支出金額が分かれば，どのくらい利益があるのかを判定することができます。

　社内で行う請求書の処理は日数がかかり，支払済の合計金額が出てくるのは翌月の半ば近くになってしまいますので，月末の請求金額を表計算ソフトに入力しておけば，現場で請求書を処理した時点で，損益予測が可能になります。損益予測は，できる限り早い時点で行うようにしてください。

　今後の支出額を予測する上で問題となるのが，追加工事や設計変更工事によって発注者からもらえる工事金額です。追加工事や設計変更工事の協力業者との契約は工事開始前に行わなければならないので，支払金額は決定してしまいますが，発注者からもらえる金額は工事最終時点まで分かりません。そのため，発注者の積算要領にのっとって工事金額を算出し，落札率を乗じ，さらに85％程度に下げてこれを予測しておく必要があります。

　したがって，協力業者への発注金額は，官積算の工事金額×落札率×0.85以下に抑えることが現場代理人の仕事となります。発注者からもらえる工事金額は常に少なめに見ておかないと，発注者との契約金額が決定した時に損益予測が大きく赤字に振れる可能性があるからです。現場代理人は，常に慎重に追加工事や設計変更工事の金額を査定しておくことが肝心となります。また，発注者との契約金額は，予測した金額を最低でも死守しなければならないラインとなります。

　発注者は老獪(ろうかい)なので，官積算を実施した結果が，先に紹介した「20％ルール」を大きくオーバーしたら，計算間違いをしてでも20％を超えないようにしてきますので，現場代理人には難しい局面となります。しかし，現場代理人は負けてはいけません。発注者は自分の身の安全を優先して考え

ますので，精神的なプレッシャーは大きいですが，最後まで諦めないでください。現場代理人が諦めた時点で，損益は確定しますので，それ以上の利益は見込めません。正当な工事金額を勝ち取るまでは，絶対に諦めてはいけません。

　では，利益に直結することなので，再度まとめてみましょう。

　今後の支出額を予測するためには，

①発注書から残工事の工事金額を計算する。

②追加工事や設計変更工事については，発注者からもらえる工事金額を「官積算の工事金額×落札率×0.85」として予測する。協力業者とはこの金額より低い金額で契約する。

　自分が予測した発注者との契約金額は，最低金額なので必ず死守して契約する。

＜実行予算と損益予測との比較＞

・実行予算金額＞（支払済金額＋支出予測金額）であれば，利益はアップする。

・実行予算金額＜（支払済金額＋支出予測金額）となっている場合は，利益を圧迫するので，原因を追及して，対策を検討する。

　繰り返しになりますが，損益予測で問題となるのは追加工事や設計変更工事であり，予測を間違えると結果は最悪になりますので，月ごとに原価管理をする必要があるのです。毎月の予算管理は現場代理人の責務です。この責務を怠っていると，竣工近くなって会社に言い訳をするようになります。

　こうなると，現場を運営する時間よりも会社に報告する理由を考える時間の方が長くなってしまうようなことになります。それは時間がもったいないし，言い訳を考えるくらいなら，しっかりと月ごとに予算を管理した方がよいですよね。

しかし，どうしても回復の見込みがなかったら，自分だけで悩まずに，早めに上司と相談して上司を巻き込んでください。会社として予算管理をすることも必要なことですので，**赤字が増大するような時はとにかく早めに上司に相談しましょう**。もし，違う人の意見で利益が回復することが可能であれば，その意見を取り入れてみましょう。自分一人で悩まないで，悪い時は会社も巻き込んで対処するようにしてください。

⑰ コストダウンをするスキル

　現場代理人は，工事を受注した時から，最終着地まで見通して現場の運営計画を立案しなければ，利益の確保どころか工期を厳守することができません。発生するトラブルについては，想定外ではなく，予測しておかなければなりません。近隣住民の苦情までも予測して対応策を検討しておく必要があります。全方向に注意を払うことができれば，現場に合うように施工条件を決定し，手戻りのない施工手順を検討した上で，協力業者への見積条件として提示し外注することができます。コスト縮減は，いかに見積条件を明確にして無駄を排除できるかにかかっているのです。

　協力業者と契約した時点で現場の利益は確定してしまいます。契約金額は，数量や工法の変更があった場合には変わってきますが，基本的には契約をしてしまったら現場代理人はひたすらそれ以上かからないようにと祈るしかないのです。祈ってもトラブルは発生しますし，考えていなかったお金がかかってしまうことは大いにあり得ます。その時に，もう少し安く契約しておけばよかったと後悔しても後の祭りです。

　現場代理人は実行予算に余力があるように備えを持っていなければなりません。余力がなければ，現場の進行にしたがって発生したトラブルのために，目標とした利益が目減りしていくことになります。実行予算通りの金額で協力業者と契約をしてしまうと余力のないタイトな原価管理をすることになり，眠れない日々が続くことになりますので注意しましょう。

ここでもう一度，実行予算比率を頭に入れておきましょう。

＜理想の実行予算比率＞

利益10％＋会社の経費8％＋給料6％＋事務所経費5％＋共通仮設経費6％＋直接工事費65％＝100％

しかし，現状は直接工事費が80％程度と比率が高くなります。それは工事を落札する際に価格競争となってしまうので，利益を削って受注するからです。当然，利益は0％になり，会社の経費も3％出ればよい方でしょう。会社の経費が出なくても赤字を覚悟で受注する場合があります。こうなると，利益は0％でも，会社の経費を捻出するために給料，事務所経費，共通仮設経費を合わせて17％の中で圧縮するか，直接工事費80％の中でコストダウンする以外にありません。「材料費を下げる」，「外注費を下げる」，「工期を短縮する」，「工法を変更する」など方法はありますが，工事の内容によってさまざまです。決定した実行予算に対して現場代理人が行うことは，余力を残し，備えを持つことです。そのためには，実行予算の金額よりも下げて契約し，発注差額を出すことなのです。

● 実行予算と発注する金額の差が現場に残る利益

実行予算は，給料や事務所経費等の削れない費用を計上していくことになりますので，直接工事費にある材料費や外注費を下げることを考えましょう。

材料費のコストダウンについては，現場の努力だけでは価格は下がらないので会社の応援を活用しましょう。会社の購買担当者と協力して下げていく等の両面作戦が必要です。購買担当者がギリギリまで下げた価格でも，現場代理人としてはさらに1万円でも2万円でも価格交渉を根気強くやることが必要です。現場代理人は，最後には全ての責任を持つのですから，購買担当者の決めた価格で満足することなく，自分でも必ず交渉してください。現場代理人が諦めた時点で，それ以上発注差額を上乗せすることは

見込めないということを心に刻んでください。

　全ての現場代理人は，自分の心の中で「これ以上は無理だから，もういいか」と考えたり，「もう少し頑張るか，まだまだ」と思ったりして，自分自身で選択幅を持ちながら葛藤と戦っているのです。これから現場代理人になろうとしている人は，「心の負担が大きいな」，「現場代理人になるのは大変だ」と考えるかもしれません。

　しかし，やってみるとこれがなかなか面白いことに気が付きます。うまくいった時は「よっしゃ！」と雄叫びを上げ，うまくいかずへこんだ時には，「次は負けないぞ！」とプラスに考えられるようになるからです。成功率を100％にすることは難しいですが，慣れれば慣れるほど成功率が上がってきます。この成功率の上昇が，モチベーションを支えてくれる原動力になってきます。考え方は「たかが知れた価格，交渉を楽しもう」と割り切って，ゲームを楽しむように価格交渉を行えばよいのです。全ては，「仕事を楽しく」と考えることです。

　外注費のコストダウンについては，社内の協力業者を優先して発注していると単価は同じとなって利益が固定されてしまいがちです。そこで，他の会社からも見積りを取り，比較しながら協力業者を選定する必要があります。もし，新規の協力業者に発注する時には，その会社の内容や信用調査を行った上で施工能力があれば採用する，などのリスク回避を行ってください。施工能力に関しては，採用しようとする会社の施工現場を見学に行きましょう。

　また，他社での評判の調査は必ず実施してください。営業に来ている営業マンは仕事が欲しいと考えていますが，現場の社員に話を聞くと今受注しても専任の主任技術者は付けられないなど，現実問題として施工体制に問題があるような情報が取れる可能性もあります。新規の協力業者で発注金額を下げることもできますが，リスクがあると考えてください。

- **利益を上げる95％ルール**

　実行予算からどの程度利益をアップさせるかは，現場代理人の腕の見せどころとなりますが，当初の計画通りで設計変更もない工事で利益が10％もアップするような甘い実行予算が決裁されることはないでしょう。当初から利益が確約されている現場の実行予算は，比較的甘い決裁となっていることがあります。そのような工事の現場代理人となった時には，2％と言わずさらに経費を切り詰めて，最大限の利益アップを目指してください。

　しかし，赤字の工事を無理やり利益が出るようにした無茶苦茶な実行予算でない限り，ギリギリの実行予算から捻出する上乗せ利益は，最低2％アップを目指しましょう。現場代理人は，「実行予算から最低2％の利益アップ」を目標・ノルマとしてください。

　ここで，現場代理人は「2％利益をアップさせるための施策はあるのだろうか？」と心配することになります。単純な計算ですが，大きな目安を付けるのによい方法があります。利益アップには，実行予算の金額よりも安く発注ができればよいのですから，基本を身に付けておけば心配いりません。ここでは，直接工事費に着目します。理想の実行予算比率を思い出してください。仮に，直接工事費比率が，65％として計算してみます。

＜実行予算が決定した後における85％発注ルール＞

　　　実行予算金額から15％下げて発注する場合で，直接工事費における50％相当分，30％相当分，20％相当分の金額に適用した時の計算

　　　直接工事費　65％　×50％×(100－85)％＝4.88％…4.875→4.88
　　　（四捨五入）

　　　直接工事費　65％　×30％×(100－85)％＝2.93％…2.925→2.93
　　　（四捨五入）

　　　直接工事費　65％　×20％×(100－85)％＝1.95％（2％を確保）

＜実行予算が決定した後における 90％発注ルール＞

実行予算金額から10％下げて発注する場合で，直接工事費における50％相当分，30％相当分の金額に適用した時の計算

直接工事費　65％　×50％×（100 − 90）％＝3.25％

直接工事費　65％　×30％×（100 − 90）％＝1.95％（2％を確保）

＜実行予算が決定した後における 95％発注ルール＞

実行予算金額から5％下げて発注する場合で，直接工事費における60％相当分の金額に適用した時の計算

直接工事費　65％　×60％×（100 − 95）％＝1.95％（2％を確保）

85％発注ルールでは，直接工事費の金額のうち，約20％の金額の工種や材料を15％安く発注することで，実行予算に1.95％分の発注差益を計上することができます。

90％発注ルールでは，直接工事費の金額のうち，約30％の金額の工種や材料を10％安く発注することで，実行予算に1.95％分の発注差益を計上することができます。

95％発注ルールでは，直接工事費の金額のうち，約60％の金額の工種や材料を5％安く発注することで，実行予算に1.95％分の発注差益を計上することができます。

以上の結果は，単純な計算ですが，2％の利益アップを考える時の目安には十分な計算結果です。現場の特性，工種，発注までの経緯などが複雑に関連しますので，15％安く発注できるもの，10％安く発注できるもの，5％安く発注できるもの，とそれぞれになります。

〈実行予算から2％の利益アップをする発注ルール・まとめ〉
・直接工事費が実行予算の65％とした時に、実行予算決定後に2％の利益を上げるための施策をまとめると次の表になります。

予算決定後の85％発注ルール
直接工事費　65％×20％×(100−85)％＝1.95％（2％〜）
予算決定後の90％発注ルール
直接工事費　65％×30％×(100−90)％＝1.95％（2％〜）
予算決定後の95％発注ルール
直接工事費　65％　×60％×(100−95)％＝1.95％（2％〜）

では、具体的に検討してみましょう。

直接工事費に共通仮設経費をプラスして考えてもらってもよいのですが、ここでは話を簡単にするために、理想の実行予算の直接工事費65％として考えてみます。85％発注ルールを使うとすれば、2％予算を残すのに65％のうち20％分を15％安く発注すればよいのです。1億円の工事で直接工事費が6,500万円だとしたら、6,500万円に20％を乗じた1,300万円に対する予算額の工種や材料に相当する項目に対して15％引いた額で発注すれば約2％になります。

外注費となる協力業者の見積りから15％引いて発注することができればよいのですが、これは結構大変かもしれません。多分、協力業者にしてもそこまでの値引きは受け入れられない可能性があります。例えば、土工事であれば、一点集中で突破できる可能性があります。土工事は条件がよくなれば、安くできる確率が高いと考えます。施工手順や工程計画を見直して、検討する価値は大いにあります。そういう一点集中突破でも可能性はあると考えてください。しかし、ただの値引きだけで対応してもらえる協力業者はいませんので、頭を使って下げる根拠を考えましょう。

次に、90％発注ルールですが、直接工事費の65％のうち30％分を10％安く発注すればよいのです。例えば、85％発注ルールと同じように、1億円の工事で直接工事費6,500万のうち1,950万だけ10％引きでの予算により発注したら約2％残ることになります。ここでも下げる根拠を頭を使っ

て考えましょう。施工の順序や作業手順を真剣に考えて，手戻りや間違いのない工程計画の立案が必要となるのです。

　最後に，95％発注ルールですが，直接工事費の65％のうち60％分を5％安く発注すればよいのです。前例と同じように，1億円の工事で直接工事費6,500万円に60％を乗じますので，3,900万円に対して5％安く発注することで，約2％利益をアップさせることができます。5％の値引きと聞くと，一般的には単純な値引き幅と考えてもらえる可能性があります。85％発注ルールや90％発注ルールと違い，それほど明確な下げる根拠は必要なさそうです。しかし，施工の順序や作業手順を真剣に考えて，手戻りや間違いのない工程計画の立案が必要となることについては，同じと考えてください。

　簡単に「気持ち下げてもらえないかな？」と何気ない言い方でも，協力業者の担当者に通じてくれるものと考えてもよいでしょう。ただし，その手を何回も使っていると，協力業者は常に5％高い見積りを持ってくるようになりますので，交渉戦略は常々変更しましょう。ワンパターン行動は手の内を読まれやすいので，「この現場代理人は組み易し」と思われないように，「敵もさる者引っ掻くもの」と思われる手を考えましょう。

　実際には，しっかりとした根拠を示しながら値引き交渉をすることに尽きますが，85％発注ルール，90％発注ルール，95％発注ルールの合わせ技がよいでしょう。この発注ルールを頭に入れておけば，1億円の工事として換算して考えれば，見積額が3,500万円であるとしたら，5％安くなれば2％利益がアップするというような感覚で捉えて交渉することもできます。発注額の実行予算に占める比率を頭に入れて，協力業者と交渉することで，大きな勘違いもなくなり，発注のミスを防ぐことができるのです。

　現場の利益は，残ったお金なのです。発注契約をすれば現場の利益が確定してしまいますので，できる限り手元に残すように発注をすることが現場代理人の職務となります。さらに，確保した利益を取り崩さないように

するためには，発注業務に細心の注意を払い，細かい発注条件を決めて，契約金額以上の支払いが発生しないようにすることも重要となります。発注条件は，細かいことまで記載するようにしてください。

　現場代理人の性格によりますが，気が弱くて値引き交渉なんて自分には無理だと思う人は95％発注ルールでやってみてください。交渉のキーワードは，「気持ち負けてくれませんか？」となります。会社のユニホームを着た時から，現場代理人という役を演じる俳優になって，自身の性格が実際にどうあろうと利益を上げることが使命なのですから，やることはやらなくてはいけません。現場代理人という役を演じていると，このような交渉も経験を積むたびに面白くなってきます。利益を上げる楽しさがどんどん分かってきます。**「仕事は常に勝ちゲーム」**と気楽に構えていれば，現場代理人はやめられないくらい魅力のある仕事です。しかし，利益はこれまでと諦めたら，絶対にそれ以上利益は上がらないと考えてください。現場代理人が諦めたら終わりです。利益を上げるぞという強い執念が必要です。

- 作業手順を変えると利益が出る

　作業手順を見直すと意外と配置人数が多く，減員が可能だったりします。
　泥岩層に高さ2.5 mのコルゲートトンネルを延長30 m施工する時，泥岩が硬く掘削が進まない状況でした。狭い空間の中，作業員4名で施工していましたが，重機との連携や作業員と重機の接触を防止する安全作業の手順の検証を行ったところ，3名で施工しても効率が変わらないことが分かりました。最適な班編成を探し出し，4名から3名に減員できたことから，労務費を25％削減できました。現場代理人は，作業手順に関心を持ち，重機と作業員が重ならないよう安全面も含めて，最適な班編成となっているかを見極めて指導していく必要があります。「これでよいのだろうか？」，「もっとよい方法はないのだろうか？」と考えて現場を巡回してください。

＜施工の作業手順を変更してコストダウンをする手順＞
①面倒な作業手順や危険な作業を抽出する
②各作業に分解する
③各作業に必要な機械と人員を配置する
④安全性を考慮した作業手順に再配列する

　安全は全てに先行しますので，必ず安全面を考えた作業手順としてください。工程が順調に進捗しているということは，採算ベースの作業手順ということなので，問題が発生しない限り外注費に上乗せして支払いをするような事態が発生することはありません。

　また，工程が順調に進捗すると，コストダウンにつながります。工程が短縮できればさらなるコストダウンが可能です。「早期に着工」し「工期内で工事を完了させる」ことになり，発注者の工事評価もよくなります。基本ですが，ネットワークによる工程管理を行い，ピークをカットして作業人員を平準化する「山崩し」や，クリティカルパスとなる工程に施工班数を増やし，並行作業にして工程を短縮することによるコストダウンなどを検討するようにしてください。

　また，施工の手順は，**「奥から下から」**です。袋小路になる個所について施工の順序を考える時には「奥から下から」とし，施工手順を間違えないようにしてください。手順さえ間違えなければ，トラブルや手戻りが発生しないので，大きな視野で見ればコストダウンになっているのです。

● 仮設に金をかけるなら最初から金をかけろ

　工事の基本は，「どうせかかる仮設の金なら，最初に金をかけろ！」です。特に，工事用道路については生命線となりますので，砕石の道路とするのか，鉄板敷き道路とするのか，舗装して土砂を場外に引っ張り出さないようにするのか等を施工条件で決めましょう。近隣住民からクレームがついてから整備を行うのは，発注者の信頼を失うばかりか評価を下げることに

なります。

　そして，今までかけた仮設費も無駄になります。お金をかけるなら，最初にかけてください。ここが，現場代理人の手腕となります。判断を間違うとトラブルの発生原因となりますので注意してください。工事開始時の最初に仮設に金をかけたことでトラブルを抑制できているとしたら，実は見えないながらもコストダウンに貢献しているのです。

①「仮設に金をかけるなら最初から金をかけろ！！」
②「施工手順は、奥から下から」

上司から聞いたことがある。

そのとうりだな！！いつも心がけよう。

アイデアを出すには、常に考えていなければダメだな！！

現場代理人

• **アイデアは常に考えているから出てくる**

　尊敬する上司の中に，問題解決会議やアドバイスを求めた時に，必ずよい意見や起死回生のアイデアを出す人がいませんか？　その上司は，どんな人でしょうか？

　頭がよい人ですか？

　高学歴な人ですか？

　アイデアを打ち出せる人は，発想する力のある人で，いつもしつこく考えている人なのです。斬新な発想は，「パッとひらめく」のではなく，「しつこく考える」という訓練によって発想力として形になるのです。したがっ

て，「頭がよい」ことや「高学歴」などの結果ではなく，後天的に，努力して考える癖を身に付けた結果としてアイデアが生まれているのです。発想力を高めるには，しつこく考える癖をつければよいのです。

　言い換えますと，発想とは，潜在意識の中で，記憶していた過去の事例を探し出す作業なのです。記憶の奥の奥にある記憶を引き出したり，他の発想とつなぎ合わせたりして，それらが一つにまとまった時にアイデアとして頭に浮かぶのです。アイデアは，過去の経験知が形を変えて，あたかも思いついたと錯覚するような形で，それを振り返っているだけなのです。瞬間的に思いついたと思っているアイデアは，「過去に経験したこと」や「どこかで聞いた話」，または「テレビで見たこと」などが，いろいろ輻輳（ふくそう）して重なり合って出てくるのです。しつこく考える訓練を常々していれば，誰にでも可能なことです。

　訓練の方法は，「これでよいのだろうか？」，「もっとよい方法はないのだろうか？」と考えていればよいのです。そのような人は，よくあることですが，「朝，目を覚ました時に解決策が頭に浮かんでいた」という素晴らしい癖を身に付けることができます。これは，潜在意識の中の記憶にある経験知によって記憶の掘り起こしができるようになって，睡眠中に記憶が引き出されるという現象が現れたと考えられます。この癖は，訓練で身に付けられます。「これでよいのだろうか？」，「他にもっとよい方法がないのだろうか？」を繰り返し考え，「現状が正しいのか？」，「現場を取り巻く環境に変化が起きていないだろうか？」と幅を広げて繰り返すことが訓練となるのです。

　さらに発想力の強化として，物事に対して「なぜ？」，「どうして？」と考える癖をつけるようにしてください。アイデアを出す思考法として，一般的ですがWhyとHowの小さな要因に分解する因数分解法による「ロジカルシンキング」や，直感によってイマジネーションで考え全体を全体のままで検討する「全体思考法」があります。しかし，難しく考えてメカ

ニズムを理解しても大きな助けにならないので，左脳的なロジカルシンキングと右脳的な全体思考法をバランスよく使いこなせば「OK」と考えてください。

　具体的には，言葉で「なぜ？」，「どうして？」と左脳にインプットしておき，右脳で夢を見るように図を描いてみればよいということになります。エンジニアは2次元の図面によって正確に3次元の情報を脳で認識できますので，テクニックとして身につければ，容易にアイデアを生み出すことができるようになります。

　工程を短縮するアイデアについては，発想というよりも具体的な手法があります。それは，いつもと違う考え方をした時に生まれてくるということです。その方法は，
　　①逆　転　　逆や反対にしたらどうか？　上下を逆にしたらどうか？
　　②結　合　　（アイデアを）組み合わせたらどうか？
　　③再配列　　（順序を）変えたらどうか？

「逆転」で考えて，人の意見を「結合」しながら「再配列」ができると，アイデアが生まれます。工程短縮は，完了日から逆に工程を考え，他の人の意見を聞き，他の人の意見を組み合わせ，他の人の発想に乗っかり，発展させながら，クリティカル工程を見つけ，パラレルな工種を探し出し，工程の順序を変更して再配列することで，素晴らしいアイデアを見つけ出すことができます。これは，技術者が得意とするネットワーク思考法です。

• 頭はいくら使っても疲れない

　「頭はいくら使っても疲れない」と言うと，「嘘だろう」，「疲れて眠くなるよ」とお叱りを受けると思います。では，私たちは，頭が疲れるくらい脳を刺激しているでしょうか？　「根を詰める」と言いますが，一つの物事に対して精神を集中させ続けて行うことが，日常生活の中でどれくらいの時間があるでしょうか？

一般に，集中している時間は30分程度が限界といわれています。ここからは，自説なので確証はありませんが，机の前で同じ姿勢をしていると，思考している脳とは別に，生命維持のために体を動かすように指令を出して血流や筋肉を働かせようとする脳の働きがあります。その働きが，身体の肩，腰，目などの硬直を解そうとして集中を途切れさせようとしていると考えています。

　しかし，体の集中は途切れても思考は継続できるのです。テレビドラマで，主人公が歩き回りながら思考して，犯人を特定していくシーンがありますが，これをまねていればよいのです。思考と行動を同時に行うことが，アイデアを生む鍵と考えています。

　現場代理人ですから，現場を歩きながら思考していると危険ですので，現場では作業している人々の安全を優先に情報を収集してください。現場を巡回している時は無理ですが，事務所にいる時にはできそうです。ドラマの主人公のように歩きながら考えていると意外とよい考えが生まれます。

　現場代理人は，現場を運営していますので，全ての中枢で司令塔です。現場に関することは，電話にもすぐに脳が反応します。脳の切り替え能力は素晴らしいもので，多分同時に10～20のことは処理していると思われます。しかし，行動は1つしか行うことができないので，脳は行動していることに対して多くを割いているのでしょう。人間が同時に2つのことを行うことができないというのはうなずけることだと思います。安全に関して言えば，作業に集中すると迫る危険が分からずに，不安全な行動となり事故になってしまいます。

　話を戻しますと，人間は同じことを考え続けるのが難しいので，考えられる時間があれば，「なぜ？」，「どうして？」を意識的に思い起こさないとよい考えは生まれないということになります。疲れるほど使っていない脳を活性化させるためにも，意識して思考するようにしましょう。日常生

活に埋没して，思考しなくなっている脳では，利益をアップさせることは不可能です。

人はマルチに並行して思考しているので，アイデアを出す努力をしないとアイデアを生み出すことはできないということになります。脳はいくら使っても疲れないので，「現場をうまく運営するにはどうするか？」，「安全に作業を進めるにはどうするか？」，「利益を確保するためにはどうするか？」等を一生懸命考えてください。**「考える」をやめる時は死ぬ時と思い，頭はどんどん使いましょう。**

⑱ 設計変更するスキル

受注した工事が当初の設計通りに進み，工事が完了してくれるのが理想です。しかし，そのようなことはまずあり得ないと考えてください。

発注者から設計会社に設計を依頼して，設計会社が図面を作成し，仮設計算などを実施して，積算をする手順となります。どの設計会社にも，現場を知り尽くしていて手戻りのない理想の設計ができる技術者はまずいません。

まして，任意仮設で参考ということであれば，山留工の仮設設計などは「受注した施工業者が考えればよい」と，無責任な仮設設計を行うケースが多いのが現状です。重要構造物の設計でミスをすれば大変なペナルティーを受けますが，仮設計算は設計責任を取らなくてもよい，と考えているのだろうと思いたくなるような仮設設計があります。

そういう設計会社にしてみれば，どのように施工するか分からないので適当でよいと考え，仮設設計は施工会社が確認するから関係ない，という感性なのでしょう。**山留工の仮設設計は，現場代理人が必ず，自ら，率先して確認しなければ，大事故につながりますので，真剣にチェックをしてください。**

ここで，前にも触れましたがもう一度施工会社の存在意義を考えてみま

しょう。設計会社が設計した通りの当初設計で工事ができるとしたら，発注の担当者と専門業者で工事を進めれば，元請施工会社に工事を発注する必要はありません。発注の担当者が，地元対応，環境対策，道路協議，安全管理，仮設工等を行えばよいのです。しかし，発注者には潤沢な人員がいませんし，地元対応などを行えば，全てのクレームを聞かなければならず，工事は全てストップしてしまいます。

　そこで，発注の担当者の代わりに動いてもらえる施工会社が必要になるのです。したがって，施工会社は，発注者から移行された全てのリスクも請け負うことになります。そのリスクに対して前向きに取り組むからこそ，やりがいのある仕事なのです。施工会社に必要なのは，優秀な土木技術者である現場代理人です。

　現場代理人という職務は，大変だけど素晴らしいものだと思って，誇りに思ってください。私も45年前，新しい編み上げを履き，図面を持ちながら，作業服で歩いているエンジニアを見て憧れた記憶は鮮明に残っています。土木技術者は永遠に必要なのです。

　経験を積み，スキルを磨き，ノウハウを武器にして，現場代理人が日夜戦っている姿はスーパーマンのように見えます。現場代理人というスーパーマンに成長していただくために，これらのスキルは先達の教えであり，語り継がれていかなければならないことばかりなのです。一気に進んでしまった世代交代の中で，先達たちが伝承したかったスキルを是非身に付けていただければと考えています。

（工事が始まる前に、工事完成までのシナリオを考えれば、トラブルの予想ができるな！！）

（工事完成まで…）

（想定内のトラブルなら対応を早くして工程を短縮できそうだ。）

（設計変更は時間があるから、対応できるな。）

現場代理人

• 提案をする内容はＡ３判の一覧表１枚にまとめる

　設計変更の内容を説明する資料は，誰が見ても分かるように作成しなければなりません。全てにつじつまが合うように，現場代理人がシナリオを描く必要があります。工事を先に進めるために必要となる設計変更ですから，理路整然とした説明とつじつまを合わせた理論展開で自分が進めたい方向へ導いていくのです。

　では，提案はどうするかというと，提案内容をＡ３判の一覧表１枚にまとめるのがよいでしょう。Ａ３判の一覧表には，Ａ案，Ｂ案，Ｃ案と必ず３つ案を用意してください。Ａ３判の上半分くらいまでに，提案項目（工法名），概略図を書きます。下半分には，品質の確保，施工性，工程，安全性，経済性，評価という欄を作成し，Ａ～Ｃの３案を並べた比較表とします。

　なぜ３案かというと，１案だけでは他に案はないのかと聞かれます。２案での比較は選択肢が少ないということになり，さらに提案を求められることになります。したがって，提案の数は３案というところに落ち着きます。当然，３案の中に推薦する案を入れておくことになります。そこで，

この案にしたいという推薦案は右端に配置しておきます。

つまり，推薦案をＣ案として，選択させるようにするわけです。比較表の説明は，左から順番に説明をしていきますので，Ａ案，Ｂ案の問題点などを十分に説明した上で，推薦案のＣ案を説明するため，Ｃ案の素晴らしさが強調されることになるのです。

設計変更の説明は，Ａ３判の一覧表１枚でまとめることが，説得力ある方法と心得てください。

● 設計変更は工事開始前に考える

現場の運営ストーリーは，工事が始まるまでに工事の完成をイメージして決定しておく必要があります。また，発生する可能性があるトラブルも予測しておく必要があります。工事を完成に導く過程で想定外はないように考えておくことが大切です。

具体例として，山留工について話を進めます。設計図書にあるボーリング柱状図が，施工する個所のジャストポイントでのボーリングであることを必ず確認してください。山留工を設計するに当たり，土質に違いがあったら，本当にトラブルになります。ジャストポイントでのボーリング柱状図がなかったら，自費でもよいのでボーリング調査を実施してください。設計時に費用がないからとボーリング調査を省略して，50メートル先で実施した過去のボーリング柱状図を採用して山留工の仮設設計をしている設計図書は多く存在しています。

そのような時には，「この柱状図は，ジャストポイントのものではないので，追加ボーリング調査を実施させてください」と設計変更の対象として交渉してください。発注者に認められない場合でも，ボーリング調査は必ず実施してください。そのままにしておくと，現場はトラブルになり，しなくてもよい苦労を自ら背負うことになってしまいます。最悪は山留工の崩壊や人身事故の発生などが考えられますので，「後悔先に立たず」と

ならないようにしましょう。

　追加のボーリング調査結果が設計図書で示した柱状図と違いがあった場合や，地盤定数などが変わっていた場合は，設計変更の対象となります。発注者との契約書にある約款には，土質の条件が異なった場合には，変更する趣旨の条文がありますので，心配しないで進めてください。発注の担当者から変更しないと言われても，最後まで諦めないでください。また，山留工の仮設設計の計算は，会社の技術部門や鋼材リース会社に依頼して事前に検討しておくと，現場運営に余裕を与えることになります。

　次に，ボーリング調査の実施時期です。夏と冬では地下水位の位置が変わることがあります。場所によっては，冬場に実施したボーリング柱状図にある地下水位が，夏場には上昇していることが考えられますので，施工時には注意してください。水圧が違うと山留工が危険となる場合があります。

　他に設計変更の対象となる条件は，地元の要望・苦情，警察協議，地域協定などが考えられます。条件によっては，施工時間の短縮や施工期間の制約を受けることになりますので，設計変更の対象としてください。現場代理人としては，工事開始前からトラブルを予測して手を打つことが，現場運営を円滑にすることになりますが，工事途中で発生するトラブルもあると思います。その時も慌てないように，どっかりと構えて，かつ早急に対応していきましょう。

　設計変更に関する手順をまとめてみましょう。
　①工事開始時には当該工事の設計変更のテーマを決定しておく
　　1）工事開始前から工事完了までシミュレーションして設計変更のネタを探し出す（土質条件，仮設計画，工法の変更）
　　2）ボーリングされていない施工個所では，自費でもボーリングを行う
　　3）先行して工事を行っている業者から情報を収集する
　　4）社内の同種工事の事例や施工経験者の意見を参考にする

②工事途中での設計変更について
　　1）工事途中でも変更のネタができれば積極的に設計変更する
　　2）地元要望や苦情が発生した場合には，必ず設計変更する
　　3）警察協議や地域協定などで状況に変化があった場合は設計変更する

　条件の違いは，工事の進め方を大きく修正する必要があるので，積極的に設計変更を行ってください。社内や協力業者の協力を得ながら，チームで勝ち取ってください。

• トラブルは金になる

　運の良し悪しに関係なく，トラブルは発生します。予測していたトラブルは「待っていました」と先に検討した手順を進めていけばよいでしょう。予測していなかったトラブルは「チャンスを与えてくれた神様に感謝します」と前向きに対応しましょう。全てのトラブルは設計変更のチャンスだと考えてください。現場代理人は，トラブルを金に換える権利を持っています。一人で考えずに，社内，協力業者，そして部下と共に立ち向かいながら解決していきましょう。

　設計変更は，情熱を持って対応していかないと発注者に伝わりません。発注者の回答に負けてしまうことになります。発注者は，「面倒なことはしたくない」，「増額の変更はしたくない」と考えています。それは，上司に説明することが億劫だからです。現場代理人は，そこに活路があると考えてください。すぐに発注の担当者が上司に報告するための書類を，変更の経緯や理由を発注者の立場で記して作成するのです。

　まずは，発注の担当者にその気になってもらわなければなりません。工事開始から設計変更があることを見込み，設計変更を認めてもらえるように，現場代理人は担当者の信頼を得るために良好なコミュニケーションを構築しておかなければなりません。信頼関係が構築できていれば，少なか

らず設計変更への対応はよい展開となるはずです。現場代理人が利益を上げることを諦めた瞬間に終わりなのですから，設計変更についても最後まで諦めてはいけません。

そのためには，情熱を持って，前向きに突き進む以外にありません。設計変更は，現場代理人の一番の花です。これがうまくできれば，部下を指導する立場になっても軸足がブレることはありませんので，頑張って設計変更を勝ち取っていきましょう。

設計変更への道程は，現場代理人として重要な行動規範なので，もう一度確認してみましょう。設計変更のポイントを挙げると以下の通りとなります。

①工事費は同じか少しコストダウンする工法を選定する
　また，その工法は当初工法より発注金額に差額があって利益が見込める工法とする
②相手の立場を理解して，会計検査で指摘を受けないようにストーリーをつくる
③設計変更があることを予測して，信頼関係を構築しておく
④情熱を持って話をする

「(13) 交渉するスキル」(P114) と設計変更のスキルはリンクしますので，確実に頭に入れて行動してください。

また現場代理人は，考えることを継続して，前向きに，素晴らしい明日を築くために，いつも楽に工事を完成させるにはどうするかを考えて行動してください。

⑲ 異常値や変化を見るスキル

T型橋脚の梁コンクリートを打設している時に，梁下の支保工が変形したので，コンクリートの打設を止めたと報告が入りました。見てみるまで詳細が分かりませんので気が気ではなかったのですが，慌ててもどうしよ

うもないと考えて現場に大至急向かいました。梁底には勾配があり傾斜していました。大引きジャッキが外側に最大5cmほど全体に曲がっていました。そのままコンクリートを打設していたら，梁の支保工は足場もろとも倒壊して，作業員も一緒に落下して大災害となるところでした。

支保工はくさび結合式型枠支保工で，梁底の勾配に合わせて型枠と支保工の間に大引きジャッキを使用した構造でした。傾斜していたのは大引きジャッキだけでしたが，その大引きジャッキのストロークが40〜50cmとなっていました。支保工をもう1段入れるには余裕がないため，ジャッキのストロークで高さを合わせた状況でした。長いストロークにもかかわらず，ジャッキを固定するための単管などは設置されていませんでした。

どうしてそのような支保工配置計画になったかというと，梁の施工のためにフーチング基礎を埋め戻して地盤を整形したのですが，この時点で図面と20cmほど地盤高さが違っていました。支保工の部材は計画通りの組み合わせで納入されていたので，組み上げてみたら型枠との間の間隔が広くなりジャッキのストロークが長くなってしまったということです。その時点で，ストロークが長いジャッキを単管で縦横に補強していたら崩壊する危険は回避できたと考えられます。

ジャッキの上下では，最大5センチ程度のズレが生じていました。現場代理人は，コンクリート打設を止めました。素晴らしい判断でした。崩壊事故が起こっては取り返しがつきませんが，崩壊手前であれば後処理は可能です。梁のコンクリートの打継ぎ目に関しては，橋脚と同じと考えればよいでしょう。

コンクリートを打設した高さを揃えて，打継ぎ目が水平になるように均_{なら}しておき，出来栄えが悪くならないようにします。その後は打継ぎの処理を行えばよいのです。支保工は追加して大引きジャッキを増やし，移動したジャッキを縦横に固定して，1週間後に打設して完成させることができました。

T型橋脚の梁底には必ず勾配がついていますので，コンクリート打設によってその重量が水平力を発生させることになります。支保工は水平力に耐えるように補強しておくのを忘れないようにしましょう。「仮設は水平力に弱い」と肝に銘じておきましょう。

　大事故になると判断して，コンクリート打設を止めた現場代理人は，素晴らしいと思います。こんな経験をしないように，埋め戻した地盤高を正確に施工することや，計画図通りに支保工が設置されているかを，人任せでなく自ら確認しながら現場を巡視するようにしてください。

　そのためには，施工のチェックポイントを持って管理することが重要となってきます。そのチェックポイントを情報として現場内で共有することが，事故や間違いを防ぐ手段となります。「これくらい分かるだろう？」と部下を指導しないことは，現場代理人のミスになるのです。多く経験を積むことで失敗事例に対する知識も増えてくるので，経験を部下に指導していくことを率先して行ってください。

　少し長々と話しましたが，事故が起こっては取り返しがつきませんが，その手前ならいくらでも対応ができるということです。異常な状況をそのまま放置しないで，自ら確認することの重要性を考えてください。**異常値を見つけるのは現場代理人であり，現場を巡視することが重要**です。事故やトラブルの芽を発見するという観点で現場を見て歩くようにしてください。書類に追われて「現場を見に行けない」と嘆いている現場代理人の現場には，事故とトラブルが待っています。

> 測量は「目で見る」と間違いがわかる。
> 原因を追及していくと、技術レベルが高くなる。
> 異常値や変化を見落とさなければ、大事にはならないな。
> 既成概念にとらわれないように、頭をやわらかくしておこう。

> 天気の達人になるテクニックがあるんだ!!

現場代理人

• 目を養うと異常が分かる

　自分の目で見ながら巡視をする重要性は，理解していただけたと思います。ここでは，それぞれの場面で見るポイントを考えてみましょう。

　　＜測量の異常値を見つける＞
　①部下の測量が違っていると疑いながら現場を巡視する
　②一定勾配は，遣り方のズレがないかを確認する
　③水糸で直線やカーブの線形を確認する
　④道路などのカーブ線形は，法勾配を設置した遣り方のズレで確認する
　⑤径間は必ず歩測で確認する（メートルの違いを発見できる）
　⑥高さは，手レベルでも違いがよく分かる

　「測量が間違っている」という目で現場を歩いているでしょうか？　部下が行った測量が正しいと思っていますか？　自分が行った測量でさえも間違っているという目で見ているでしょうか？　「部下の測量に間違いはないだろう」と思って現場を巡視していては，間違いに気付きません。口には出さないけれど，部下の行った測量や自分で行った測量でさえも常に

「測量には間違いや勘違いがつきものだ」 と思って見てください。

　昔の話ですが，高速自動車道の建設工事で，河川敷にＲＣ床版の下部工を施工していた時でした。径間長が19mの5径間連続橋でしたが，掘削が完了し均しコンクリートを打設した後に測量して墨出しが完了したところでした。当時の部長が歩測で測って，「P1とP2の間は20歩。P2とP3の間は18歩だ」と測量担当者に話しました。測量した者は「そんなことはない」と断言して再測量を行ったところ，1m間違っていました。

　その逸話は，今でも語り継がれ教訓となっています。現場代理人が現場を巡視する理由として，安全だけではなく測量にも気を配れということで，「ただ現場を巡視するだけではないぞ」という教えになっています。

　この1mのズレは切土をやり直し，均しコンクリートを打ち足して事なきを得たのですが，構造物が構築されてから判明したことを考えれば，小さなトラブルで済んだことになります。大きなトラブルに発展させないように，施工を開始する時の確認が大切なのです。現場代理人は，ここぞという時を知り，その時には歩測でも大きな間違いを見つけることができると考えてください。歩測も役に立つのですから「間違いはどこにでもある」と肝に銘じて，現場を巡視する時には歩測も利用してください。10cmの違いは歩測では分かりませんが，大きな間違いは発見できます。

　現場代理人が，歩測の教えを部下に伝えたら，その部下も必ず確認するようになるはずです。必ず現場を巡視するのですから，チェックをしながら歩くとよいでしょう。「チェックする癖」を身に付けてください。

Ⅲ. 現場を把握して利益を確保するための7のスキル

正確な1m

20歩 20m

正確な 1m

現場代理人

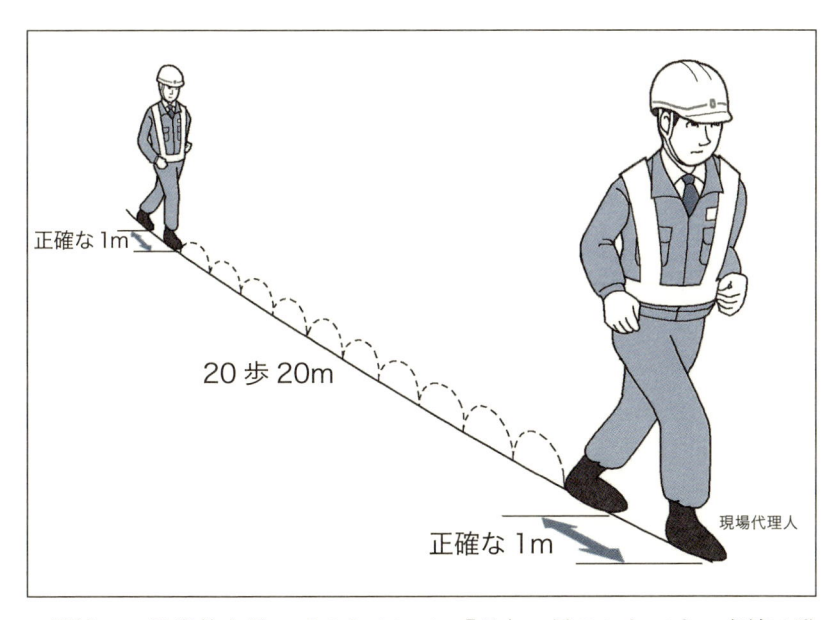

　間違いや異常値を見つけるためには，「目」で見ることです。直線は誰でもよく分かりますが，曲線であるカーブでも正確に分かります。法勾配を示した遣り方が連続して設置されている場合では，その中の連続した3つの遣り方に注目します。連続した3つの遣り方の両脇の遣り方のヌキ板を見通し，中央の遣り方のズレを確認します。単曲線では次のスパンにおいても3つの遣り方のヌキ板のズレは同じになります。ヌキ板のズレが仮にヌキ板半分であれば，どこの3つの遣り方を見てもそのズレはヌキ板半分となりますので，単曲線通りに遣り方が設置されているかどうかが分かります。特に，座標を使って測量した時には，線形通りに設置されているかを必ず確認するようにしましょう。
　クロソイドカーブでもそのズレを確認することで，異常を把握することが可能です。クロソイドの場合は，ズレ幅が徐々に変化していきますが，線形としてのその流れが変わっていなければ，間違っていないと判断することが可能です。このように歩きながら，「測量が間違っている」という前提に立って，たとえ自分が設置した遣り方でも，確認しながら現場を巡

視してください。

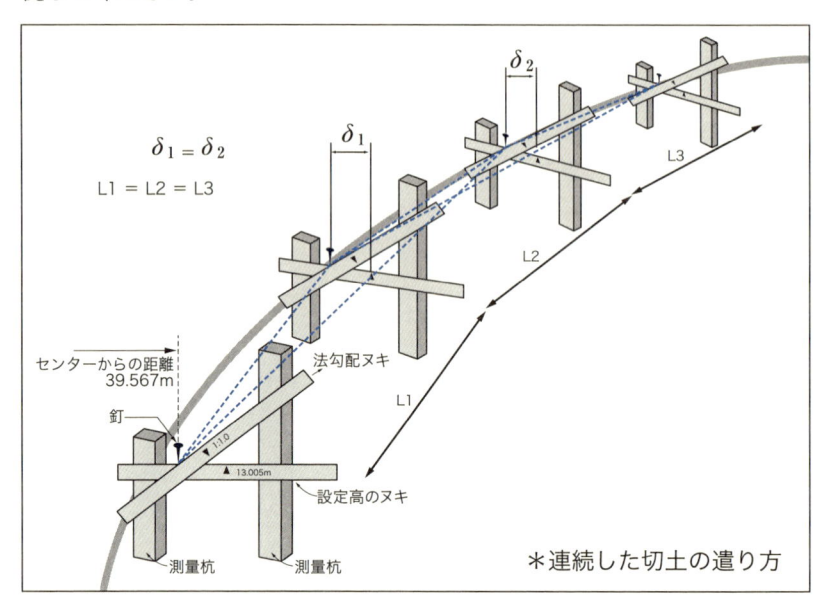

図中ラベル: $\delta_1 = \delta_2$　L1 = L2 = L3　δ_1　δ_2　L1　L2　L3　センターからの距離 39.567m　釘　法勾配ヌキ　設定高のヌキ　測量杭　測量杭　13.005m　＊連続した切土の遣り方

　両足を肩幅に開き真っすぐに立ち，手の平と指の付け根を直角に曲げて，目の高さに持ってきます。基準となる高さにできるだけ水平にして指の先に合わせて，腰から体を回転させて，目的とする場所の高さに移動します。

　その時，手の高さを変えずに見ることで高さの違いを判定することができます。基準となる場所と目的とした場所の高低差を周辺の大きさと換算して，どの程度の高低差があるかを判定することができます。正確には分かりませんが，だいたいの感じはつかめます。

　例えば，ある橋脚の高さが隣の橋脚の高さより高いのか低いのかを判定できますので，先行した橋脚に対して，これからコンクリートを打設する橋脚の型枠高さの関係を見るのに利用できます。漠然としていますが，大きな間違いがあるかないかの判断が可能です。

　測量の異常値を見つけるためには，測量している部下に必ず質問してください。「この橋脚の高さは，隣の橋脚よりも高いのかな？」，すると測量をしている部下は，ハッとしながら図面を確認します。すると，現場代理

人が見えなくなった時に、心配になり測量を必ずチェックするようになります。この時、「測量をチェックしなさい」と言う言い方はあまり効果がありません。部下は「俺が測量しているんだから間違えるはずがない」と思っていますので、事務所で「測量をチェックした？」と聞いても大丈夫でしたと答えが返ってくるだけで、実を伴っていません。

しかし、具体的な疑問を投げかけるだけで、部下は心配になり必ずチェックをするようになります。「AとBのどちらが高いの？」と比較する具体的な質問方法は、先達から学んだことです。仮に、AとBの高さの違いを把握していたならば、「Aの方が、Bより高く見えるな？」と逆の質問をすれば、部下に測量のチェックを実施させることができます。部下が事務所に帰ってきて開口一番に「所長の目は大丈夫ですか、Bの方が高かったですよ」と所長の質問を打ち消してくれます。重要なポイントでこのテクニックを使って、間違いを予防してください。

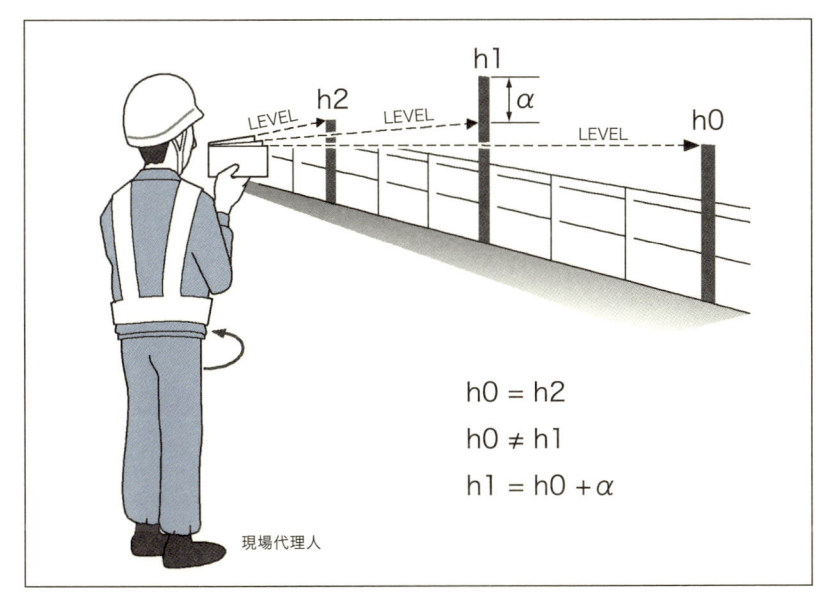

$h0 = h2$
$h0 \neq h1$
$h1 = h0 + \alpha$

現場代理人

＜型枠支保工の変位の異常値を観測する＞
①壁構造は型枠天端をスケールでこまめに計測する

（天端からコンクリート高さ１ｍの時は特に注意）

　②梁底からピアノ線を下げて沈下量を計測し急激な動きを監視する

　（天端からコンクリート高さ１ｍの時は特に注意）

　型枠支保工については，コンクリート打設中にチェックをしなければなりません。擁壁の立ち上りについては，セパレータピッチが縦横計画通りに配置されているか，型枠を起こす前から確認してください。コンクリート打設中には，型枠の天端幅をこまめにスケールで計測しておく必要があります。バイブレーターをかけるとホームタイが緩みますので，打設高さと共に緩みを確認して，締め付けるように指導してください。

　コンクリートを打設すると型枠の下部が膨らむようになりますので，天端幅を計測していれば型枠の動きを把握することができます。型枠が壊れそうになると，下部が膨らむので天端幅が狭くなります。天端を計測しているだけでも，型枠の状態を知ることができるのです。

　最近は，型枠大工さんのレベルが下がってきたように思います。特に，構造物のコーナー部で背面にテーパー部分がある構造の時には注意が必要です。テーパー型枠をバタ角等で型枠の外から抑えて，コンクリートの圧力に耐えるようにしているのを見てびっくりしました。

　また，前面の型枠の合わせもチェーンを使って固定しているだけでした。テーパー部には必ずセパレータを配置して，垂直とはならないまでもセパレータを溶接で固定しなければ，コーナー部はコンクリートの圧力に耐えることができません。仮に持ちこたえたとしても，出来形寸法は，基準を満足することができません。溶接をしない型枠大工さんは経験のない危ない人なので，打ち合わせの時からここは溶接で固定するようにと一言話をするだけで，安全な型枠になります。ここでも，人任せにしないことが大切です。

　特に，若い部下に任せきりにすると，コンクリート打設中に型枠が破壊してしまうことになります。これは，現場代理人の指示不足ですから，若

い部下を責めることはできません。

　コンクリート打設において，一番危険なのは4分の3ぐらいから天端まで打った頃で，ここが管理のポイントです。型枠に異常な変化が見えてきたら，まずコンクリート打設を中断しましょう。型枠が破壊してからでは取り返しがつきません。

　また，スラブや梁のコンクリート打設では，型枠底からピアノ線を下げて，急激な変形が起きていないかをチェックしていないと大事故につながりますので，これも人任せにせずに自分で確認しておきましょう。

・原因を追究しているとスキルがアップする

　トンネル工事においては，トンネルが貫通すると急激な乾燥によって，完成している覆工コンクリートにひび割れが発生することがあります。そのひび割れが全スパンにわたって発生している場合は，材料等に問題がある可能性が高いことになります。

　また，一部のスパンにひび割れが発生している場合には，施工による不具合と考えられます。どちらにしても，ひび割れについては補修を行うことになりますが，全スパンとなると施工費がかさむことになります。ひび割れを異常値と考えて原因を追究することで，自分自身のスキルはアップしていきます。

　　＜硬化コンクリートの異常値＞
　①コンクリート構造物に全体に同じようなクラックが発生した場合は，材料などに問題があることが考えられる。
　②延長のあるコンクリート構造物で一部ブロックに不具合が発生した場合は施工に問題があると考えられる。

　このように，原因があるだろう個所を予測しておくことで，原因追究の時間が早くなるので，異常値の現れ方にも関心を持つようにしてください。

　経験知は，問題点をそのままにせずに，原因を追究してこそ身に付くも

のと考えてください。問題となる原因を特定しないままにしておくと，いつまで経っても分からないままで終わってしまいます。原因を特定しておけば，次の同種工事を施工する時に生きるので，同じ失敗をすることはありません。それが経験知となり，ノウハウが蓄積され，スキル向上の役に立つことになります。したがって，トラブルに遭遇したら積極的に関与していただきたいと考えています。

　現場代理人は，原因の追究が自身のレベルアップになり，その経験を部下に伝えていくという役目を持っているのだと思ってください。自分の経験を部下に伝承していく方法を自分なりに構築しておいてください。**部下が現場代理人となり，自身が管理者となった時に，そのスキルの伝承が効果を発揮してくれるからです。**

　経験をデータベース化しておくのもよいでしょう。現場代理人が管理者になり，現場を回っている時に，経験を伝え歩くのもよいでしょう。伝承できる経験を多く持っていればいるほど，よい管理者になれることになります。その基礎づくりは，現場代理人の時代に，原因を追究する意欲と経験を多く持つことなのです。

• 1台目の生コンクリートに気を付けろ

　柱高さの高い橋脚の柱部や壁高の大きい擁壁は，主筋が過密配筋となっています。狭い範囲で鉄筋が過密配筋となっている個所のコンクリート打設は，施工手順を確実にしておく必要があります。

　例えば，打継ぎ個所は過密配筋ということで，生コンプラントにスランプ値8cmのところ上限に近い10cmで出荷を依頼したとします。コンクリートが軟らかければ，過密配筋部分でも十分に充填できると考えての依頼です。しかし，朝一番で来る生コンクリートはスランプ値8cmを目指してきます。スランプ値10cmの生コンクリートは，2〜3台目以降からとなります。それは，生コンプラントは強度を保証して販売しているから

です。生コンクリートの現場管理では，1台目のアジテーター車から，スランプ値，空気量，温度を計測し，圧縮強度試験用に6本のテストピースを採取します。生コンプラントは強度を保証して販売していますので，1台目で採取するテストピースは強度をクリアしていなければなりません。スランプ値8cmを10cmにするには水の量を増やさなければなりませんので，強度に問題が出ることを心配します。このため，1台目は非常に気を使って出荷することになります。

　生コンプラントは確実に強度が出る練り方をしてくる，と現場では考えていなければなりません。場合によっては，スランプ値8cm以下で来ることもよくある話です。しかしながら「スランプ値を上限で」との注文と違っていても，許容範囲内であれば，現場では受け取る必要があります。そうなればスランプ値の問題は，生コンプラントから施工を担当する側に問題が移ってしまうことになります。最初からこのことを考えていれば問題ないのですが，対策なしにコンクリートを打設してしまうと，打継ぎ目にジャンカなどの施工不良が発生してしまいます。JIS工場を動かしているオペレーターの人たちは，JISの検査を通過する能力がありますから，スランプ値の1cmや2cmは手加減できます。

　しかし，生コンプラントを守るためには，1台目から冒険することはありません。現場から「スランプ値10cmでお願いします」の注文は，無視されると考えてください。

　現場の担当者は，スランプ値が8cm以下なので生コンプラントに電話をかけ始めますが，プラントの配車係は，そう言われてもどうにもならず，オペレーターと連絡をとっている様子はあるものの，次のバッチから上限を目指しますと繰り返すばかりです。そうこうしているうちに，足場の上から「監督さん打設していいかね？」と言ってきます。電話中だから担当者も答えられずにいると，コンクリート打設が始まってしまうことになります。

ジャンカが出やすいのは，打継目です。1層目は確実に過密配筋の奥の被り部分まで充填しなければなりません。担当者は打設が始まってしまったと慌てて電話を終え，足場に上がっていっても柱部分は打設する面積が少ないので，すぐに1層目が打ち上がってしまいます。打設の状況を見ずに2層目に突入してしまうので，打設状況を管理できていないことになります。そういう状態の時に限って，ジャンカ等の施工不良が発生してしまうのです。現場の担当者は，施工不良を生コンプラントのせいにして，失敗を転嫁します。

　このように，管理できない状況をつくり出してしまうと，出来栄えのよい構造物を構築するのは難しくなります。教訓は，1台目の生コンクリートは硬いという意識で打設計画を立案しておく必要がある，ということです。

目視でスランプ値を管理する

スランプ値と流れる状態を確認して記憶する。

現場代理人

　打継目の一層目は，30cmとします。1層の30cmを完了したところで，必ず打設を止めます。そこで，全体に満遍なくバイブレーターをかけます。現場を管理している担当者が全てを見ながら確認します。「骨材が集まっ

てしまった個所はないか？」，「被り部分にもバイブレーターの振動が行き渡っているか？」を必ず確認します。もし，骨材が集まっている個所があれば，指示をして取り除かなければなりませんし，振動が行き渡っていない個所には，再度バイブレーターを挿入して締め固めを行います。最終確認後に，2層目を打設していきます。

　仕様書に1層50cmとあるから，50cmで打設するのではなく，施工の状況を確認しながら変えていくことがノウハウとなります。1台目のアジテーター車の生コンクリートは硬いと考えて計画をしていればよいことになります。生コンプラントが強度保証をして契約していることを勘案すれば，許容範囲に入っている生コンクリートを出荷してくることは当然と考えておいた方がよいのです。

　生コンプラントでも自信のあるプラントは期待できるかもしれませんが，施工会社は施工を確実にこなすことが仕事なので，責任を転嫁しない管理手法が必要です。**人任せにしないことが，異常な状況をつくり出さないノウハウ**だと思ってください。施工不良は，発注者からの信用を失うだけでなく，補修にお金がかかります。余計な出費をしないことも，現場代理人の責務です。

• スランプ値は全台数管理する

　スランプ試験は，誰にでもできる簡単な試験です。しかし，搬入される生コンクリートのスランプ試験を全台数実施している人はいません。でも，全台数のスランプ値を管理している人はいます。アジテーター車からポンプ車まで流れ落ちる状況を見て，スランプ値を0.5cm単位で判定することができるのです。

　スランプ試験器を用意します。プラントの試験係と同じようにスランプ試験を実施します。そのスランプ値が同じになるように1台目で試験方法を習得します。後は，ひたすら全台数のスランプ試験を実施します。その

時，アジテーター車からポンプ車まで流れ落ちる生コンクリートの状態を見て記憶しておきます。コンクリート打設をする時に2日間ほど行います。スランプ値当てゲームという遊びをしながら，生コンクリートが流れ落ちる状態を観察することで，スランプ値を0.5cm単位で判定することができるようになります。この目視結果を記録しておけば，素晴らしい品質管理になります。異常値は，目で発見することができるようになります。これで，全台数のスランプ値を管理することが可能になるのです。

現場代理人が足場の上にいたとしても，全台数のスランプを管理することが可能となります。規格値ギリギリの生コンクリートと見たら，用意してあるスランプ試験器で測定すれば，生コンプラントは，必死にならざるを得ません。生コンプラントの品質管理のレベルを上げるというよりもオペレーターと試験室の連携がよくなり，真剣に生コンクリートを練るようになります。

そうなると，施工業者がお金を支払っているスランプ試験費用を支払う必要がなくなります。全台数管理されていると分かれば，異常値の発生を心配するので，試験室に常駐せざるを得ないという責任が出てくるからです。生コンクリートの試験が最初の1台目でほぼ終了ということは，責任を持って生コンクリートを販売しているということにはなりません。200年コンクリートを目指すためには，施工側だけでなく，材料を供給する側のレベルアップも必要なのです。

現場を離れた私でも，生コンクリートを打設している場面では，流れ落ちる状態を見ればスランプ値が分かります。アジテーター車の運転手は毎日流れ落ちる状態を見ているので，スランプ値が分かっています。「これはちょっと上限ギリギリだね」と一言言うとすぐにプラントへ連絡しています。アジテーター車の運転手にとっては，規格値を外れていれば持ち帰らなくてはなりません。

したがって，死活問題となるので真剣にならざるを得ません。現場代理

人の役割として「高品質な構造物を提供する」という観点からいえば，生コンクリートはプラントに任せているからといって管理しないようでは「高品質」とは言えません。

このテクニックを習得したら，「日本国中で全台数管理しているのは私（講義を聞いた人）だけです」と豪語してもよいでしょう。この本を読んで実際にやってみようと思う人は1,000人に1人くらいですので，発注の担当者が出会う技術者の数から考えたら一生に一人出会うかどうかの数にしかならないからです。

品質に興味を持つことは，自身のレベルを上げることです。現場管理手法のレベルは，仕様書通り管理すれば大きな問題とはなりませんが，「ここまで管理する必要はない」と考えるか，「高品質な構造物を構築しよう」と貪欲にスキルやテクニックを身に付けるかで，現場力に大きな差が出てくるのです。仕様書通りやるのは当たり前ですので，それよりもうワンランク高い管理を行うことができれば，現場をもっと楽しめますし，ゲーム感覚で管理すれば苦になりません。できる限り，時間と手間をかけずに管理する手法を探ってみる努力が必要と考えてください。

・バイブレーターの周りはモルタル分しかない

バイブレーターの締め固め効果は素晴らしいものがあります。しかし，バイブレーターを挿入していた個所の周辺直径約10cmはモルタル分が集まり骨材がありません。これは，バイブレーターの締め固め力が強力なために，バイブレーターの外側が確実にしっかりと締め固まってしまい，バイブレーターを引き抜いた後でも骨材は留まった状態となりモルタル分が移動してくるだけなので，骨材がほとんどない状態となってしまうのです。

構造物の鉄筋の内側の部分であれば大きな問題はないと考えますが，被り厚15cmの重要構造物の被り部分となると問題が残ります。「出来栄えのよい構造物を構築する」ことを考えると，過密配筋となっている状況で

は，鉄筋の内側から締め固めても被り部分まで振動は伝わりません。そうなると，被り部分にもバイブレーターをかけることになります。バイブレーターの振動により，出来栄えのよい仕上がりとなる一方で，50cmピッチに直径約10cmのモルタルしかない部分を被り厚15cmの中に造成していることになります。

被り部分の締め固めは，50cm間隔ではモルタル部分の解消が難しいと思われますので，30cm間隔で連続に締め固めていけば，モルタル部分にも骨材を供給していくことができます。さらに，被り部分はバイブレーター径が一回り小さいものを使用して締め固めるとよいでしょう。

つまり，被り部分は特別に考えて施工手順を確立しておく必要があるのです。耐久性のある構造物を目指すことも現場代理人の職務となります。

• 臨機応変なコンクリートの打設高さにする

打ち重ね時間が長くなってしまいコールドジョイントが発生しそうだと判断したら，コンクリート標準示方書通りの1層50cmとせずに，1層30cmとしてください。バイブレーターが下層にしっかり入るように締め固めてください。直径5cm程度のバイブレーターの振動部分の長さは，40〜50cmほどになります。1層30cmのコンクリート厚さであれば，バイブレーターの振動部分が見えなくなれば，下層のコンクリート内に確実に10cm以上は入っていることになります。

これは，目視で確認が可能です。仮に，1層50cmのコンクリート厚さとした場合，バイブレーターの振動部分から上はコード部分となっているので，下層が硬くなっている時にはバイブレーターの振動部分の先端が下層部分の境目で，曲がってしまっている可能性もあります。目視でバイブレーターの先端が下層に確実に入っているかどうかは判定できないことになります。1層50cmで打ち上げるといっても，正確に50cmとなるのは難しく，50cm以上となることもあるので，下層のコンクリート内に

10cm以上入っているかを確認することは不可能となります。

コンクリート標準示方書通りに施工をしているから品質を確保しているなんて考えは捨てましょう。高品質な構造物を創造するためには，施工段階で臨機応変に打ち上がり高さを調整して，目視で確実に判定できる施工手順を指示し，管理しなければなりません。

現場代理人の施工への純粋な情熱が，高品質な構造物を創造すると考えてください。出来栄えがよい構造物だから，高品質な構造物とは限りません。

つまり，**「出来栄えもよく，施工時に臨機応変な対応をすることによって，高品質な構造物を提供できるのだ」**と考えて，現場管理を大好きになってください。管理をすればするほど高品質になりますし，出来栄えだけでは判断できない耐久性を持ち合わせた構造物を創造しているのだと誇れれば，土木技術者として社会に貢献している価値は高いものとなります。現場を愛することが，現場代理人の美しい姿なのです。

• 天気の達人に教えを乞う

雨雲の状況は気象庁のホームページなどで正確に分かります。また，時間の経過による予測もしています。スマートフォンでもピンポイントで天気の状況を把握することが可能です。天気を把握して段取りをすることは，トラブルを減らせることになりますので，当たり前のことですが現場を運営するには必須となります。

首都圏以外の地方に行きますと，「天気の達人」によく出会います。その方に教えを乞うと天候が分かり，トラブルを回避することができます。その方とは，農家の方です。地方に行き最初にあいさつに行くのは，区長（自治会長）さんです。何かにつけてお伺いしていると気心が知れてきます。区長さんが農業を営んでいることが多いのですが，そこで，「この辺は，雨が降るという兆候があるのですか？」と聞くと，「あの山に雲がかかっ

たら1時間後に雨が降る」などと教えてくれます。農家の方は天気の達人ですので，雨が降る兆候を見たら農作業を早めに切り上げて後片付けに入り，帰途につくのです。

> あの山に雲が掛かったぞ。現場にはあと、1時間で雨が降り出すぞ。
> 現場代理人

> 農家の人は天気の達人です。気楽に話せば仲良しな友達に。いつのまにかあなたは、天気の達人です。

> 土取場は雨水がたまらないように段取り変えを

> 盛土箇所は、入念な転圧と排水対策をやろう
> 現場代理人

　この情報は，土工事を行っている場合，非常に助かります。雨が降る1時間前に予測できるのですから，土運搬を中止し，土取り場も盛土場も雨対策を施すことが可能となります。雨を予測する情報を協力業者全員で共有していれば，現場代理人から細かい指示を出さなくても，土取り場も盛土場も仮排水を整備し，転圧を行うことが可能になります。

　雨水が溜まらない対策ができていれば，雨が降りやんでから，土工事を再開する時間を短くすることができます。天気の達人の情報は，スカッと晴れちゃったという時もありますが，この時は仕方がないと諦めましょう。しかし，8割くらいの確率で信頼できるので，土工事を施工する者にとって貴重な情報となります。

　農家の方は天気の達人なので，話をしながら情報を得るということは大切なことと考えてください。それぞれの地方で，天気の崩れ方の法則があ

りますので，土地の人に聞くのが一番確かな情報として参考にしていただきたいと思います。

　天気の傾向はたくさんあるようで，インターネットで調べると参考になる情報は数多くあります。地球規模の現象，冷夏と暖冬の関係，台風の発生と上陸の関係など，統計的に推論できそうですが，確率の問題となります。それでも，「3月は雨が多いので竣工検査まで苦労する」，「空梅雨でも梅雨の終わりには大雨が来る」などの情報は，現場代理人として頭に入れておく必要があります。

　毎年，梅雨の終わりの7月20日前後は，土砂降りの雨が来るので，現場の段取りをうまくしなければなりません。特に，土工事においては，降雨対策は怠らないようにしましょう。降雨対策とは，流末の整備と濁水の処理です。流末がないと土砂が流れだしますので，流末対策を実施し，上水だけ流れるように沈砂池を整備しておくことになります。もし，流末がなくそのまま法面に流出すれば，法面が崩壊して土砂が流れだし，大変なことになりますので注意しましょう。

　対策の遅れは，地元の方からの苦情や発注者からのお叱りを受け，今まで築き上げた信頼関係を一気にぶち壊してしまう大変なことになります。そうならないように気を付けましょう。

● 事故にどう対応するかで評価が違う

　事故を起こしたことに対しては大きな責任を伴いますが，事故を起こしたことよりも，起こした事故に対してどのように対応したかによって評価が分かれます。いい加減な対応は非難される，と理解しておかなければなりません。

　「この程度なら大したことはない。何とかなる。よくあることだ」という考え方をしていると，対応が疎かになり周囲の批判を受けることになります。たとえ小さなことでも，「大変なことだ，あってはならないことだ」

と考え，すぐにありのままを報告して，迅速に処置をすることが大切と考えてください。報告が遅れると，「事故の隠蔽」や「労災隠し」などにつながり，評価を下げてしまいます。さらに報告が遅くなると悪質と捉えられ，最悪の場合，簡単に指名停止となってしまいます。ここまで来ると現場の運営は最悪期に入り，現場のバイオリズムを上昇させようとしても不可能になります。「くさいものにふたをする」という行動は，問題が大きくなり，法律違反を誘発し，CSR（社会的責任）まで問われることになります。現場代理人は，常に素直で謙虚な対応が必要であると心がけてください。

　事故が発生したら，まず，第一報を発注者に入れ，すぐに会社に連絡してください。事故の対応は，社内を巻き込んでやらなければ，現場だけでは危機を乗り越えることはできません。この時は，現場代理人だから自分一人で解決しなければならないなんて考えないでください。事故は，会社全体で対応する必要があります。会社の動きが遅くても非難されることがありますので，一人で抱え込まないようにしてください。

• 作業手順と異なった時に事故は発生する

　ヒューマンエラーの原因は，危険を危険と認識しないことだと考えています。自分自身の健康に対する考えと似ていると思っています。「自分は命に関わる病気にはならないだろう」，「多少の無理は平気だ」，「この程度の酒量なら病気にならないだろう」，「運動していないが元気だ」など，自分の健康に根拠のない自信を持ち，積極的に健康管理をする意志が希薄で，楽で根拠のない健康法だけやって，自分は健康と人に話している自分がいます。また，「健康に対する知識がない」，「間違った知識を実践している」，「勘違いをしている」など無知からくる思い込みもあります。

　他にも，「自分は運動能力が高い」，「自分は事故を起こさない」と自分に対して根拠のない自信を持っています。健康管理は誰のためにやるのか

といえば，自分のためにやるはずなのに，実際にはやっていないのが現状だと思います。現場での作業は，自身の健康管理のようにいい加減にしていては事故が発生してしまいます。

　経験年数がある人でも，新しい環境や初めての作業においては，無知であるといえます。自分の健康管理とは違い，現場では確実に事故の発生を防止しなければなりません。現場で間違った知識や勘違いを排除するためには，作業手順の教育が重要な方法と考えられます。現場代理人は，安全に工事を進めるための作業手順を遵守させる必要があります。毎朝，作業手順の教育状況を確認するには，各協力業者のＴＢＭとＫＹ活動に参加する以外にありません。複数の協力業者がいれば，部下と手分けして確認することになります。

　どのような時に事故が発生するのかというと，経験上からも作業手順と違った状況が生じた時に高い確率で発生しています。いつもと違う状況になったということは，新しい環境や初めての作業と同じと考えてください。毎日の朝礼で話す現場代理人の熱いメッセージの他に，**「作業手順と異なった時は，作業を中止して職員に連絡してください」**と告げ，**「作業手順と異なった時が，事故が発生する確率が高いからです」**と必ず理由を付け加えてください。

　事故の発生を防止するためには多くの手法があると思いますが，毎日同じことを伝える「アナウンス効果」と，作業手順が異なった時の処置を周知することと思ってください。

• ヒューマンエラーは現場代理人の声がけで防止する

　ヒューマンエラーの重要な原因は，「楽に作業しよう」，「これぐらい大丈夫だろう」，「こっちが近道だ」，「時間がないから早くやってしまおう」などの一人一人に潜む「心の油断」です。これを排除することは難しいですが，作業に熱中して周りが見えない時と同じように，その場で声かけを

して，注意喚起する以外にありません。そのために，現場代理人は現場を巡視して異常な状態から通常の状態に引きもどすために，作業員全員に声かけをして歩く必要があるのです。

　マザー・テレサという有名な方が，ある新聞記者から「愛の反対語は何ですか」と質問されたそうです。「愛すること」の反対語ですから，辞書では「憎しみや憎悪」となっています。しかし，マザー・テレサは「無関心」と答えたそうです。私は，「無関心からは絶対に愛が生まれない」という言葉に，現場代理人にできることを見つけた気がしています。「あいさつをすること」つまり「声かけをすること」は，「現場代理人の私の現場で働いてくれてありがとう」という意思表示に他ならないからです。

　「私はあなたを見ています」，「怪我をして帰しては家族に申し訳ない」，「自分の現場に来てくれてありがとう」という感謝を込めながらあいさつすれば，「働いていただいている一人一人に関心があります」というメッセージが，必ず，相手に伝わると考えています。心からそのように思って声かけをしなければ，相手に伝わらないと思います。マザー・テレサの言葉は，「関心を持つことから絆が生まれる」と「無関心では絆が生まれない」という意味に解釈すればよいのです。

　「袖摺り合うも他生の縁」といいますが，現場に来ていただいた方は何かの縁があって働いてもらっているのであって，そこには運命的な出会いがあるのです。そういう世の中の巡りあわせがあるので，相手に関心を持つということがお互いをいい方向に誘って，事故の発生を食い止めていると考えれば，**「あいさつが事故を防止する」**と考えてもおかしくないのではないかと思います。

● 自分なりの安全監視項目を持とう

　足場工，支保工，山留工などの仮設設備の不備による事故は，死亡事故につながる重大な災害となります。発注者からペナルティーを受けるばか

りでなく，仮設設備の不備による事故は法律違反となることから，避けなければなりません。

　仮設設備の安全に対する監視は，拙著『建設技術者のための現場必携手帳』を持ち歩けば，第8章「安全管理」に図表を用いて要点をまとめておりますので，いつでも確認することができます。しかし，携帯することを忘れてしまうなど，いつも手元に置いておくことは難しいので，記憶に留めておくことが最も確実な方法と思われます。記憶に留めるのは，かなりの努力が必要となります。では，どのようにしたらよいでしょうか。

　現場の設計図書をPDF化して，保存が可能なタブレット端末を利用してみましょう。さらに，『建設技術者のための現場必携手帳』の電子書籍閲覧サービスを利用することで一緒に持ち歩くことができます。分厚くて重たい図面や安全ダイジェストさえ現場に持参する必要がなくなります。

　さらに，タブレット端末には，作業手順書，安全指示を記載した施工管理日報や安全な重機の配置計画図，当日のKY活動記録や新規入場者の申告書などをJPEGファイルなどとして保存しておけば，いつでもどこでも見ることが可能になります。事務所に行かなければ確認できないことは一切なくなるのです。全てのデータを現場のサーバーに置けば，現場の管理者全員が見ることができるようになります。

　このように，タブレット端末を利用した現場管理は，簡単にできますので利用して管理レベルを上げるようにしましょう。「会社がタブレット端末を用意してくれないからそこまではできない」ではなく，「自分から実践すれば管理は楽になる」と始めてください。実際にタブレット端末を使ってやってみれば，難しくないことが分かります。その管理手法がうまくいけば，社内に普及させることも可能です。先駆者は，いつの時代も**「やってみよう！」**という興味から始まります。全ての管理は，自分なりの管理基準を持ち実践することなのです。安全に限りませんが，常に確認をすることで，管理の盲点をなくすことができます。

㉑ 発注者と良好なコミュニケーションを構築するスキル

　建設業法上は，発注者と請負者は対等と定義されていますが，不適格業者や利権の関係から対等でない関係になっているのは致し方ありません。優良業者に施工してほしいと考えるのは，納税者にとっては当たり前のことです。

　これは，公共工事だけの話ではありません。工事の完成時に，工事成績をつけて評価をする制度の施行によって，監理技術者と現場代理人は毎日管理されるようになっています。これは，発注者と請負者が対等でない証です。そうなると，全ては発注者の思うままとなってしまうのも致し方ありません。

　そのような関係でも，請負人は工事を進めていく必要があります。仮に，発注の担当者の言うことを全て聞いて仕事をしていたら，施工を知らない発注の担当者に現場をめちゃくちゃにされてしまいます。当然として利益の確保など不可能となり，ストレスと大赤字で現場代理人のなり手はいなくなります。

　発注者は予算からお金を出しますが，設計は設計会社に委託して設計図書ができあがります。この発注のプロセスは，請負者にとってありがたいことになっています。設計会社には施工経験者がいないので，施工計画を綿密に立案するのは苦手なのです。ここで，請負者の出番があることになります。設計上可能でも施工が不可能な場合が多々あります。

　また，仮設設計に至ってはどうしてこのような設計になるか判断ができないようなことがあります。その辺りに，現場代理人の必要な理由が存在しているのです。このため，現場代理人には技術力や施工能力が必要なのです。さらに，現場代理人は工事を円滑に進めていく上で，発注者と良好なコミュニケーションを構築する能力が必要となってきます。では，発注者との良好なコミュニケーションが構築できる現場代理人の必要条件を考

えてみましょう。

- **発注者より高い技術力が必要となる**

　設計上可能でも施工が不可能な場合に，新たに設計し直して施工可能な計画を立案しなければなりませんので，図面を描く能力としてCADを自由自在に操作できる技術が必要となります。構造が変わったとしたら，変更の構造計算をしなければなりませんので，会社の技術部門を使いこなして発注者に説明する能力が必要となります。さらに，発注者を説得するためには，変更に関する文章を書く能力と，比較表など分かりやすい資料を作成する構成力も必要になります。

　以上のことを遂行できるためには，当然として，発注者より高い技術力が必要になります。ここまでは，現場代理人になる前に身に付けておかなければならない技術だと思います。現場代理人になるためのステップとして考えてください。

- **1級施工管理技士だけでなく他の資格を取得している**

　構造物工事を施工するのであれば，コンクリート技士は必須となります。構造物の維持補修などの工事では，コンクリート診断士があれば，発注者の信頼を得ることになります。1級施工管理技士だけでなく，業務に必要な資格を取得していくことは必要です。どのような勉強をすれば技術力をアップさせることができるかは，あまりにも漠然としすぎているので，業務に必要な資格取得を目指すことが的確な勉強方法といえるのです。

　自己啓発を継続させるモチベーションを維持するためにも，資格への挑戦は必要なことと考えてください。何よりも発注者の信頼を獲得するに当たって分かりやすく評価をしてもらえるので，現場代理人として常に資格取得を目指してほしいと思います。

- **記憶に頼る仕事は失敗する**

　発注の担当者との打ち合わせでは，必ずメモを取りましょう。打ち合わせ時間が長くなればなるほど，打ち合わせた内容が変化していくことがあります。そのような時は，最後に，必ず，メモを再確認して，提出物や変更内容，提出期限等を明確にして打ち合わせを終了してください。担当者に「この間打ち合わせしたことと違いますね」と言われるようでは，信頼を獲得することはできません。

　さらに，提出期限を厳守するのは当然ですが，工事の初期段階では期限前に提出することができれば，よい評価となります。期限前に提出すると，自分自身の勘違いや思い込みがあった時に訂正する時間が確保できますので，早めの提出を心がけましょう。どのようなことでも，**クイックレスポンスは，信頼を勝ち得る最高のパフォーマンスとなると心がけてください。**

　くれぐれも記憶に頼って重要な約束を忘れないようにしてください。信頼は小さな出来事から失われていきますので，失敗しないためには記憶に頼らないことが肝心です。

- **工事に対する情熱とやる気を担当者に常々伝える**

　現場代理人は，常々，**「自分の現場は，自分が一番詳しいぞ」**という気概を持ち，自信に満ちた姿勢を示しましょう。発注者から見たら，これほど頼もしいことはありません。現実的にも，現場を運営する現場代理人が担当する現場を一番熟知しているのですから。

　話し方は，少し高いテンションを維持しながら，情熱を持って話しましょう。担当者の質問には，一呼吸おいて答えるようにすると，技術的な話では重さがあるように聞こえます。担当者の言うことが分かりすぎて，担当者の話が終わらないうちに話しだすのは控えるようにしてください。最後まで，話を聞いてから，一呼吸おいて話しだせば，信頼の絆を太くすることができます。

- **発注者側の事情を理解した発言をする**

　現場代理人は，発注者の立場を理解して話を進めることが大切です。会計検査で問題とならない戦略を第一に考えていなければ，発注の担当者に「現場の都合を言っているだけだ」と思われてしまい，後々大きな溝となってしまうことは言うまでもありません。現場代理人は，トータルで現場にプラスになるように，現場を運営する必要があるのです。

　小さなことは軽い冗談としてジャブを打ち，ここぞという時には，相手の立場を理解しながら，情熱を持って話をしなければなりません。したがって，3回に1回程度の確率，3割3分3厘で勝負に出るようにしましょう。打率10割はあり得ないことですし，打率5割は発注者にプレッシャーを与えますが，打率3割3分3厘なら相手が6割6分6厘となり，得しているので話を聞いてもいいかなという気にさせるのです。情熱を持って話をするのは，3回に1回に留めておきましょう。

　トータルでプラスになる戦略を考えてください。現場代理人に苦労をかけているなと発注者に思わせることが，信頼関係を構築し，良好なコミュニケーションを構築するスキルとなるのです。「3回に1回の勝負で勝つ」と思い，**「負けるが勝ち」**と考えながら，柔軟なスタイルで自分なりにパフォーマンスする方法を身に付けてください。

　基本は，現場代理人という役を演じている俳優だと考えればよいのです。たまには鏡に向かって，こんな顔は相手にどう見えているかなと自分を映し，カッコいい決め顔をデザインしてください。なぜなら，現場代理人は，俳優であり，監督であり，プロデューサーの3役を同時に進行させる役者なのですから。

㉑ 自己啓発を継続するスキル

　「いくつになっても自己啓発をしましょう！」と言うのは簡単ですが，これが難しいことです。若い時には，「28歳でコンクリート技士を取ろう」，

「30歳でコンクリート診断士を取ろう」、「35歳で技術士を取ろう」と意欲があります。

しかし、50歳を過ぎたあたりから、確実に記憶力の低下を自覚することになります。若い時には、一度解いた問題は記憶として定着し、2度目に間違えることはありませんでした。歳を重ねると、前日に解答して間違えた問題をもう一度やってみても、同じように間違ってしまいます。間違えたという記憶だけは残っているのですが、正解にまで至りません。この記憶を定着させるためには、最低4回以上問題にぶつかってその理由を理解しないと正解となりません。記憶力が必要な資格は、できる限り若いうちに取得しておくことを勧めます。脳は疲れないとお話ししましたが、歳をとると記憶を定着させるのに時間をかける必要がありそうです。

現場代理人として現場を運営し、利益を確保し、工程管理や安全管理に忙しいので、「資格に挑戦する気になれない」と考えていると、資格を取らずに50歳になってしまいます。もう、この歳になると、若い時から挑戦していないので、ますますやる気はなくなって、「自分には無理だ」と諦めてしまいます。自分への言い訳はいくらでも可能ですが、この本を手にした現場代理人は、レベルアップしたいと思って読まれていると思います。

そのようにやる気のある現場代理人は、忙しくても資格に挑戦してください。できる限り若いうちに多くの資格を取得してください。資格は忙しい時の方が取得できる確率が高いのです。前に**「資格試験は1週間三日坊主がいい」**（P102）の中で、資格試験の勉強を1週間に3日間やれば合格できるとお話ししました。それも若いうちなら、1週間に2日間でも合格することが可能だと思います。「忙しいから勉強時間が取れない」のと、「忙しいから2日間しか勉強できない」とでは、試験勉強に対する意欲は倍半分となります。どうしても取得したい資格であれば、忙しければ忙しいほど集中して、勉強しようと考えるからです。

したがって，現場代理人にふさわしい資格を毎年もしくは2年に1つ取得すると目標を持てば，10年後には大変なことになっているはずです。資格に挑戦する機会は平等なので，誰でも，その大変なことを実現できるのです。自己啓発を積極的にするかしないかは，自分との闘いですが，目標を掲げ挑戦し続けることが大切と考えてください。

　55歳になるベテランの現場代理人で，10年前から技術士を毎年受験している人がいます。どこからそのパワーが湧いてくるのかと質問したところ，「技術士の勉強をすることで，歳とともに忘れていく技術的な知識を再確認する作業と考えて受験しています」という答えが返ってきました。この回答に頭が下がる思いでした。彼はさらにもう一つ付け加えて，「字を書く機会が少ないので，字のおさらいになります」との言葉に「素晴らしい」の言葉が思わず飛び出してしまいました。

　自己啓発を継続するのは，自分自身との戦いです。戦いは一生続けることになりますので，継続するために一つ目標が達成したら自分にご褒美を与えてください。釣りが趣味なら，新しい釣竿を買う，ゴルフが好きなら，クラブを新しくする，写真が趣味なら，最新モデルのカメラを買う，旅行が好きなら，温泉に行く，お洒落が趣味なら，スーツをオーダーする，など自分が楽しくなることを必ずしておきましょう。そのご褒美を見るたびに「また頑張ろう！」という気になることができます。これが自己啓発を継続する力になりますので，自分への褒美は忘れないようにしてください。

- **戒めの言葉を持とう**

　最初に思い立った時の純真な気持ちを持ち続けることは大変に難しいと思います。春夏秋冬の四季があるように，世の中は3ヵ月ごとに変化していきます。しかし，3ヵ月ごとにガラリと変わるのではなく，季節は微妙に毎日変化しています。気温を例にとれば，暑さから寒さまでの大きなバイオリズムとなって変化していきます。気温は人の衣服を変化させ，生活

を変化させ，人の心を変化させてしまいます。地球が365日で太陽を1周し，地球の地軸が傾いていることで四季があり，自転していることで昼と夜があり，人の生活リズムは宇宙の摂理で決まっています。

　1年という周期は人にとって都合のよい周期で，新年を寿ぐことは「今年こそよい年にするぞ」とリセットできる機会となります。しかし，春に考えたことは，同じような気候になる翌年の春にならないと同じ心境になれませんので，寒い冬の間には春に考えたことを思い出すことは難しいのです。

　また，1年前と全く同じ心境になるかというと，年齢や環境の変化によって，同じ心境とはならず，大きく変わってしまうものなのです。では，現場代理人になった時の気持ちである「初心」を忘れないようにするためには，どうしたらよいのでしょうか？

　お勧めしたいのは，「座右の銘」を持つことと愛読書をそばに置いておくことです。毎日見ずともよいのですが，定期的に見直して徐々に変化してしまっている考え方を初心に戻すことで，自分の進む方向や現場を運営する姿勢を修正していくことが可能になります。現場代理人は，現場運営という大役を担っているので，現場での権力は絶大です。人によっては「俺がルールだ」と考える人が出てくることもあります。権力は自分の心を傲慢にし，仕事を怠け，部下を見下し，協力業者に威圧的になり，金を払えば思い通りに人は動くものだと勘違いを始める人まで出てきます。そこまで来ると，現場は崩壊し，現場運営を失敗することになります。

　尊敬する上司がいれば，尊敬できない上司もたくさんいると思います。尊敬できない上司と出会った時，「自分はこんな上司にはならない」と思った決心も，季節や環境の変化，歳を重ねていくことなどで忘れてしまうものなのです。現場代理人という権力の心地よさに，よいことも悪いことも「自分がルール」となっている怖さに気付くことはありません。ましてや部下や協力業者がたしなめてくれることもありません。部下や協力業者の

全てに陰口を囁かれ，やがて深い溝となって，現場を蝕み始めます。「自分はこんな上司にはならない」と思った決心を忘れてしまうのは仕方がないのですが，定期的に振り返れる自分なりの箴言帳を持っていれば過去の教訓を忘れることはありません。

• 自己啓発は資格の勉強だけではない

　自己啓発というと資格取得と思われがちですが，資格とは限らないと考えてください。この第1章から話していることは，全て自己啓発なのです。先にも書きましたが，この本を手にした現場代理人は，レベルアップしたいと思って読まれていると思います。**したがって，現場力をアップさせること自体が自己啓発なのです**。リーダーシップとは，と考えることが自己啓発なのです。会話術，トラブル対応術，交渉術などこの本の内容全てが自己啓発となっているのです。

　ここで，いくつかのビジネススキルをあげてみましょう。

○一呼吸で区切れる短いセンテンスが相手の印象に残る

○説得や交渉は，ワンポイントに絞り話をする。残りは，次回に

○「例え話」を多用すると記憶に残りやすく，イメージしやすく，感情へのインパクトが強い

○その気にさせるには，奉仕の精神と気配りとソフトに話すことである

○身振りや手振りで情熱を伝えると相手は感銘を受ける

○相手の何気ないところを「褒める」と，頼みごとを聞いてくれる

○「笑顔」と「すみません」は，相手を安心させる

○あいさつは，**あ**いてより，**い**つも明るく，**さ**きに，**つ**たえる言葉

○先手をとって声をかけると，情熱を相手に伝えることができる

○服装はパワーである

○同じ意見・同趣味の「類似性」は，相手に好意を持ってもらえる

○相手を好きになると相手も好きになってくれる

○第1印象と別れ際は「深く頭を下げる」と印象が記憶に残る
○「シンメトリー（対称性）の原理」は，安心感を与える
○感情は顔の左側が豊かで，写真は少し左向きがよい
○「クイックレスポンス」は，強烈な印象を残す
○人の印象は4分間で決まる
○「お客様でしたら，気に入ると思いますよ」と言うと相手の印象に残る
○別れ際に「それでは，○○さん，また」と名前で呼びかけると記憶に残りやすい
○相手に負けないためには，絶対勝てると信じること

　以上のビジネススキルを覚えておくだけでも，現場の運営に役に立ちそうです。自分のレベルアップを図る全てのことが，自己啓発となります。資格取得だけでないことを理解しておいてください。

• 身近なところから情報を収集しよう

　「情報はどのように手に入れればよいのでしょうか？」と聞かれたら，インターネットという答えが一番多いと思います。「インターネットで常に情報を得ています」という人でも，目的もなくインターネットを見ているだけでは自分にとって価値がある情報を得ることはできません。つまり，インターネットで調べようとする目的がなければ，インターネットは情報の洪水でしかありません。そこで，「インターネットで探すべき情報を得るためにはどうするか？」ということになります。

　日常の業務で分からないことを調べたり，テレビで放映された温泉宿を調べたり，というのは当たり前ということになりますが，自己啓発のためにどの程度利用しているか，となるとほとんどないのではないかと思います。自己啓発は「ビジネス書を読む」とか「ビジネス講習会に参加する」などが主で，その中で分からないことをインターネットで調べるという使

い方がほとんどではないかと思います。

　また，一昔前であれば，新聞の切り抜きを収集するスクラップがあります。しかし，スクラップをしてみると，自己啓発の宝庫であることに気が付きます。脳の中に格納できる情報の記憶容量はそれほど多くはありませんので，毎日の通勤で読む新聞の内容を夕方まで記憶している人はほとんどいないでしょう。でも新聞の見出しくらいは覚えている人も多いのではないかと思います。その見出しも，印象に残った記事であれば翌日まで覚えていることもありますが，その印象に残った記事でも時間とともに記憶からなくなってしまいます。得た情報は一瞬だけ記憶の中に留まりはするものの，垂れ流し状態となって消えていきます。

　では，注目するスクラップですが，今は，スクラップブックを必要としません。記事をPDFファイルにして，連続番号をファイル名として付したものをパソコンに保存しておけばよいのです。さらに，表計算ソフトにファイル名である連続番号を日付と見出しなどのキーワードとともに入力してデータベース化しておけば，パソコンが脳の代わりに記憶してくれることになります。

　ここで重要なのは，スクラップした記事をデータベース化することによって，記事を読んだ時，スクラップしてデータベース化した時と2回脳に記憶させたことなのです。これが，かなり記憶への定着率を上げることができます。記憶したキーワードと見出しによって，すぐに必要な記事を呼び出すことが可能になります。そこで，インターネットと連携させれば，素晴らしい情報の達人となれるのです。

　全ての情報を脳に記憶として留めておくことは不可能なので，脳の代わりとなる記憶媒体を利用してキーワード管理すれば，自分に必要な情報をいつでも引き出すことができるようになるのです。これは情報収集の一つの方法ですが，自分に合った独自の情報収集ツールを見つけて，身近なところの情報でも自己啓発は可能なので実践してみてください。

あとがき

　本書の内容と目的は，折れないパワフルな成長を目指すメンタルな要素としての現場代理人に必要なスキル，工事評定点をアップさせ上手に現場運営をしていくために必要なスキル，現場を把握して利益を上げるために必要なスキルという3分野に分けています。

　それぞれのスキルを7つの項目に分けて，全部で21の内容となっています。これらのスキルを身に付けることで，自身の現場力をアップすることを目的としています。既に獲得しているスキルもあると思いますが，自分自身のレベルを本書の内容に照らし合わせて，「足りない部分」，「今まで気付かなかった部分」，「これは面白いと思った部分」については参考として実践していただければ幸いです。

　2007年に問題となった「団塊の世代」の卒業や，公共投資の先細りから建設業界の大きな地殻変動のうねりなどによって，一気に多くの先達たちが去ってしまったことは大変残念なことです。さらに，建設現場で語り継がれるべき基本的なスキルが伝承されないままに，世代交代が進行してしまったことにも寂しさと空しさを感じます。次世代の建設技術者にとっては，大きな損失であり，不幸なことであると思っています。

　本書は，主にこれから現場代理人になろうとしている人や，初めて現場代理人として現場運営を行っている人に贈るものであります。21の教えというスキルが身に付くまでの期間は，愛読書として持っていただきたいと考えています。また，21の教えが自分のものになったと思った時には，後輩に譲っていただき，語り継がれていけたとしたら，私の望むところであります。

　現場スキルアップとして行っている東京土木施工管理技士会主催の講習会なども併せて受講していただければ，本書の理解も深まっていくのでは

と思っております。

　最後になりましたが，この本の製作には1年を要してしまいましたが，その期間において編集者の方々には忍耐強くご指導をいただいたこと，また多大なご苦労をおかけしたこと，さらに本書の発刊のお話をいただいた大勢の方々に感謝の意を表します。

　また，この本を読んでくださった読者の皆様，どうもありがとうございます。本書が少しでもこれから現場代理人を目指す人や現場代理人として業務をこなされている皆様にお役にたてれば，これに勝る喜びは有りません。

　　　　　　　　　2013年7月　　　　　　　　　　　　　　鈴木正司

【参考文献】
植木　理恵　　フシギなくらい見えてくる！本当にわかる心理学
　　　　　　　　　　　　　　　　　　　　　（2010年　日本実業出版社）
築山　　節　　脳と気持ちの整理術　意欲・実行・解決力を高める
　　　　　　　　　　　　　　　　　　　　　（2008年　日本放送出版協会）
内藤　誼人　　パワープレイ　気づかれずに相手を操る悪魔の心理術
　　　　　　　　　　　　　　　　　　　　　（2002年　ソフトバンク文庫）

著者略歴

鈴木　正司（すずき・まさし）

徳倉建設株式会社 取締役執行役員 技術本部長，坂田建設株式会社 技術顧問，
日本工学院八王子専門学校 非常勤講師

昭和28年（1953年）7月18日生まれ，東京都出身
・東京都立大学工学部土木工学科卒業
・京都大学大学院工学研究科土木システム工学専攻博士課程修了，博士（工学）
・技術士（建設部門），コンクリート診断士，コンクリート技士，1級電気施工管理技士，1級土木施工管理技士，1級建築施工管理技士

【主な経歴】
昭和51年〜平成3年坂田建設株式会社入社，工事管理に従事（高速道路建設8工事，建設省3工事），昭和63年建設省関東地方建設局長表彰／平成3年〜平成11年技術課にて設計変更及び問題解決業務に従事／平成9年〜平成12年京都大学大学院工学研究科博士課程／平成11年〜平成18年土木工事部長／平成18年〜平成27年土木本部にて技術部長，土木統括部長，副本部長を歴任／平成27年〜令和元年取締役 土木本部長／令和元年〜令和2年常務取締役 技術本部長／令和2年〜令和3年 徳倉建設株式会社 取締役執行役員 技師長，坂田建設株式会社 技術顧問／令和3年〜現職

【主な研究】
京都大学大学院複合構造デザイン研究室「ES工法の法面防護と景観保全に関する研究（学位取得論文）」，「木造軸組の耐震補強工法に関する研究」，「バーコードを使用した土運搬管理及び工事施工体制管理に関する研究」

【主な著書】
『建設業・担い手育成のための技術継承』，『建設技術者のための現場必携手帳』，『建設業・利益を上げる一歩上いく現場運営』（経済調査会）

建設業・現場代理人に必要な21のスキル

平成25年7月15日　初版発行	
令和4年3月15日　第6刷発行	

著　者　鈴木　正司
発　行　一般財団法人 経済調査会
〒105-0004 東京都港区新橋 6-17-15
電話 （03）5777-8221（編集）
電話 （03）5777-8222（販売）
FAX （03）5777-8237（販売）
E-mail:book@zai-keicho.or.jp
https://www.zai-keicho.or.jp/

Bookけんせつplaza
建設関連図書販売サイト
https://book.zai-keicho.or.jp/

編集協力　東京土木施工管理技士会
印刷・製本　株式会社 第一印刷所

©鈴木正司　2013　複製を禁ずる
乱丁・落丁はお取り替えいたします。

ISBN978-4-86374-130-0